设施类型

1. 钢竹混合结构大棚

2. 光伏温室

3. 双层充气薄膜大棚

4. 双层充气薄膜的充气装置

5. 双拱架结构温室

6. 增强水泥预制拱架结构温室

设施建造

1.日光温室土墙夹板施工

2.日光温室土墙机械化施工

3.简易日光温室后屋面施工

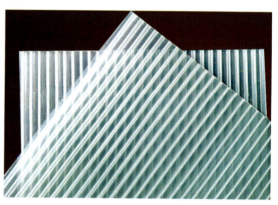

4.中空阳光板

设施管理

1.撑杆式卷帘机

2.轨道式卷帘机

设 施 管 理

3. 后墙固定式卷帘机

4. 温室除尘布条

5. 温室大棚补光灯

6. 温室大棚多层覆盖（棚膜+二道幕+小拱棚+地膜）

7. 大棚侧位电动卷膜系统

8. 大棚下部通风口

设施管理

9.钢瓶法二氧化碳气体施肥装置

10.湿帘降温系统(温帘部分)

11.自行走式喷灌机

12.蔬菜采收车

13.蓝色黏虫板

14.微耕机

15.频振式杀虫灯

设施育苗

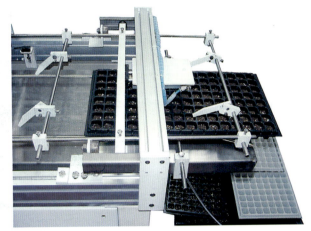

1. 针式穴盘播种机

2. 育苗容器

3. 工厂化育苗

4. 黄瓜嫁接苗

5. 茄子嫁接苗

设施栽培品种

1. 草 莓

2. 葡 萄

3. 油 桃

设施栽培品种

4.一品红

5.红　掌

6.仙客来

7.非洲菊

8.百　合

9.番　茄

10.辣　椒

11.茄　子

设施栽培品种

12. 巨型南瓜

13. 黄 瓜

无土栽培

1. 辣椒袋培

2. 番茄岩棉栽培

3. 番茄水培

4. 黄瓜水培

1. 番茄树

2. 番茄盘蔓

3. 辣椒树

4. 茄子树

5. 西瓜树

◆ 内容提要 ◆

该教材由学校教师和企业专家共同开发编写,为农业中等职业技术学校设施农业生产技术、现代农艺技术、观光农业经营、果蔬花卉生产技术、现代林业技术、园林技术、园林绿化、植物保护等专业现代设施园艺课的专用教材。教材按照"工学交替、任务驱动、项目导向"教学模式要求,结合《蔬菜园艺工国家职业标准》《果树园艺工国家职业标准》和《花卉园艺工国家职业施行标准》的技能培养需要,将内容划分为园艺设施的覆盖材料、园艺设施的类型与应用、园艺设施的建造、园艺设施的管理、设施育苗技术和园艺设施的应用6个单元、80个任务。各单元后设置了"实践与作业""单元自测""资料收集与整理""资料链接"以及各任务后设置了"练习与作业"等栏目,有利于培养学生自我学习的自觉性,丰富学生的课外知识;"能力评价"栏目从知识、能力和素质3个方面对学生的综合能力进行多元化评价,有利于学生综合能力的培养。教材配有多幅黑白插图和彩图,图文并茂,并提供教学光盘,易教易学,适合我国中等职业学校《现代设施园艺》课程项目的教学使用。

中等职业教育农业部规划教材

现代设施园艺

韩世栋　主编

中国农业出版社

主　编　韩世栋（山东省潍坊职业学院）

副主编　王立杰（辽宁省朝阳市农业学校）
　　　　　弓林生（山西省原平农业学校）

参　编　莫荣军（广西百色农业学校）
　　　　　张俊平（山西省太原生态工程学校）
　　　　　吴　松（江苏省淮安生物工程高等职业学校）
　　　　　赵立华（山东省寿光市蔬菜高科技示范园）
　　　　　魏家鹏（山东省寿光市新世纪种苗有限公司）

审　稿　王广印（河南科技学院）

前 言

本教材是根据教育部《中等职业教育改革创新行动计划（2010—2012年)》和全国农业职业院校教学工作指导委员会制订的《全国农业职业教育园艺专业教学指导方案》要求，结合我国园艺设施生产特点，旨在适应"教学过程的实践性、开放性、职业性"要求，由学校教师和企业专家共同开发编写而成，供农业中等职业技术学校设施农业生产技术、现代农艺技术、观光农业经营、果蔬花卉生产技术、现代林业技术、园林技术、园林绿化、植物保护等专业教学使用。

本教材按照"工学交替、任务驱动、项目导向"教学模式要求，结合《蔬菜园艺工国家职业标准》的技能培养需要，将教材内容划分为6个单元、25个模块、80个任务，将必需的指导理论以相关知识的方式依附于技能教学，突出了技能的学习和培养。另外，每个项目后设置了"实践与作业""单元自测""资料收集与整理"以及各任务后设置了"练习与作业"等栏目，有利于培养学生自我学习的自觉性，丰富学生的课外知识；设置的"资料链接"栏目为学生提供了必要的专业网络学习资源，有利于丰富学生的课外知识；"能力评价"栏目从知识、能力和素质3个方面对学生的综合能力进行多元化评价，有利于学生综合能力的培养。

教材以培养能直接从事园艺设施建造、园艺设施管理以及设施蔬菜、果树、花卉生产和无土栽培技术等方面的技术推广、生产和管理的高级应用型技术人才为指导，以现代设施园艺产业发展要求为依据，突出了新结构、新材料、新技术的教学，特别是强化了园艺设施新类型、新材料、新设备、标准化生产技术等新知识和新技术的学习，使教材内容能够更好地适应现代设施园艺产业发展的需要。

为满足我国不同地区的教学需要，在教学内容安排上，突出了通用技术和典型技术的教学，同时将一些发展前景较好的新技术和新设备也编入教材中，以便于各学校选择教学和方便学生自学。

教材编写力求语言通俗易懂，图文并茂，在编写风格上力求科普读物化，充分贴近生产实际。教材后的附件列出了《蔬菜园艺工国家职业标准》《果树园艺工国家职业标准》和《花卉园艺工国家职业施行标准》以及各单元自测参考答案等,方便师生查阅和学习;各单元还列出了必要的资料链接供学生学习参考。为方便各学校教学,教材编写组还制作了PPT教学课件,供教学参考。

本教材的计划教学时数110学时,要求安排在秋、春两个季节里完成,以确保教学与生产的同步进行,方便实践教学。考虑不同学校专业设置和教学侧重点的不同,各学校在使用该教材时,可以根据当地设施园艺产业发展情况选择教学,并适当增加或削减教学时数。

本教材编写人员均具有10年以上的教学和生产实践经验,教材内容的实用性和针对性较强。单元一、单元二由韩世栋和赵立华编写;单元三由张俊平编写;单元四由莫荣军和吴松编写;单元五由王立杰和魏家鹏编写;单元六由王立杰和弓林生编写。本教材由韩世栋统一修改,如增加、删减和修改内容,补充和替换插图,并制作PPT电子教学课件等;附件和彩图由韩世栋提供。

教材由王广印教授审阅,在此表示感谢。

由于编写时间仓促和能力有限,书中不妥之处在所难免,恳请读者提出批评和修改意见。

编 者

2014年1月

目录

前言

单元一 园艺设施的覆盖材料 ·· 1
模块一 塑料棚膜 ·· 1
  任务1 认识塑料棚膜 ·· 1
  任务2 选择塑料棚膜 ·· 3
模块二 认识与选择地膜 ·· 3
  任务1 认识地膜 ·· 3
  任务2 选择地膜 ·· 4
模块三 认识与选择硬质塑料板材 ·· 6
  任务1 认识硬质塑料板材 ·· 6
  任务2 选择硬质塑料板材 ·· 7
模块四 认识与选择遮阳网 ·· 8
  任务1 认识遮阳网 ·· 8
  任务2 选择遮阳网 ·· 10
模块五 认识与选择防虫网 ·· 11
  任务1 认识防虫网 ·· 11
  任务2 选择防虫网 ·· 12
模块六 认识与选择保温被 ·· 13
  任务1 认识保温被 ·· 13
  任务2 选择保温被 ·· 14
模块七 认识与选择草苫 ·· 15
  任务1 认识草苫 ·· 15
  任务2 选择草苫 ·· 16
单元小结及能力测试评价 ·· 18

单元二 了解园艺设施的类型与应用 ··· 21
模块一 风障畦 ·· 21
  任务1 认识风障畦的结构 ·· 21
  任务2 认识风障畦的类型 ·· 22
  任务3 了解风障畦的生产应用 ··· 22
模块二 阳畦 ·· 23

任务1　认识阳畦的结构 ………………………………………………………… 23
　　任务2　认识阳畦的类型 ………………………………………………………… 24
　　任务3　了解阳畦的生产应用 …………………………………………………… 25
模块三　电热温床 …………………………………………………………………… 26
　　任务1　认识电热温床的结构 …………………………………………………… 26
　　任务2　了解电热温床的应用 …………………………………………………… 27
模块四　小拱棚 ……………………………………………………………………… 28
　　任务1　认识塑料小拱棚的结构 ………………………………………………… 28
　　任务2　认识塑料小拱棚的类型 ………………………………………………… 29
　　任务3　了解塑料小拱棚的生产应用 …………………………………………… 29
模块五　塑料大棚 …………………………………………………………………… 30
　　任务1　认识塑料大棚的结构 …………………………………………………… 30
　　任务2　认识塑料大棚的类型 …………………………………………………… 31
　　任务3　了解塑料大棚的生产应用 ……………………………………………… 34
模块六　温室 ………………………………………………………………………… 35
　　任务1　认识温室的结构 ………………………………………………………… 35
　　任务2　认识温室的主要类型 …………………………………………………… 37
　　任务3　了解温室的生产应用 …………………………………………………… 39
单元小结及能力测试评价 …………………………………………………………… 40

单元三　园艺设施的建造 …………………………………………………………… 44

模块一　园艺设施建造场地的选择与布局 ………………………………………… 44
　　任务1　选择建造场地 …………………………………………………………… 44
　　任务2　布局园艺设施 …………………………………………………………… 46
模块二　园艺设施的施工 …………………………………………………………… 47
　　任务1　风障阳畦的施工 ………………………………………………………… 47
　　任务2　电热温床的施工 ………………………………………………………… 48
　　任务3　小拱棚的施工 …………………………………………………………… 50
　　任务4　塑料大棚的施工 ………………………………………………………… 51
　　任务5　日光温室的施工 ………………………………………………………… 53
单元小结及能力测试评价 …………………………………………………………… 55

单元四　园艺设施的管理 …………………………………………………………… 58

模块一　设施环境管理 ……………………………………………………………… 58
　　任务1　光照管理 ………………………………………………………………… 58
　　任务2　温度管理 ………………………………………………………………… 59
　　任务3　湿度管理 ………………………………………………………………… 61
　　任务4　土壤消毒 ………………………………………………………………… 62
　　任务5　二氧化碳气体施肥 ……………………………………………………… 63

任务6　设施环境的智能调控 ··· 65
　模块二　园艺设施机械化应用 ··· 67
　　任务1　微型耕耘机的应用 ··· 67
　　任务2　自行走式喷灌机的应用 ··· 68
　　任务3　设施卷帘机的应用 ··· 69
　　任务4　湿帘风机降温系统的应用 ··· 71
　　任务5　设施滴灌技术的应用 ··· 72
　模块三　园艺设施病虫害综合防治 ··· 74
　　任务1　农业防治技术 ··· 74
　　任务2　物理防治技术 ··· 75
　　任务3　烟雾防治技术 ··· 76
　　任务4　生物防治技术 ··· 78
　单元小结及能力测试评价 ··· 78

单元五　设施育苗技术 ··· 82
　模块一　设施蔬菜育苗技术 ··· 82
　　任务1　育苗土配制 ··· 82
　　任务2　育苗容器的选择 ··· 83
　　任务3　种子处理 ··· 84
　　任务4　播种 ··· 85
　　任务5　苗期管理 ··· 86
　　任务6　无土育苗技术 ··· 87
　　任务7　嫁接育苗 ··· 89
　模块二　设施花卉育苗技术 ··· 93
　　任务1　常规育苗 ··· 93
　　任务2　嫁接育苗 ··· 94
　　任务3　扦插育苗 ··· 96
　模块三　设施果树育苗技术 ··· 97
　　任务1　扦插育苗 ··· 97
　　任务2　嫁接育苗 ··· 98
　单元小结及能力测试评价 ··· 98

单元六　园艺设施的应用 ··· 102
　模块一　园艺植物无土栽培 ··· 102
　　任务1　无土栽培方式的选择 ··· 102
　　任务2　无土栽培的准备 ··· 105
　　任务3　主要管理技术的应用 ··· 109
　模块二　设施蔬菜生产 ··· 111
　　任务1　黄瓜栽培技术 ··· 111

任务2　番茄栽培技术 …………………………………………………………… 113
　　任务3　温室辣椒栽培技术 ………………………………………………………… 116
　　任务4　温室茄子栽培技术 ………………………………………………………… 118
　模块三　设施果树生产 …………………………………………………………… 120
　　任务1　温室葡萄栽培技术 ………………………………………………………… 120
　　任务2　温室油桃栽培技术 ………………………………………………………… 124
　　任务3　温室草莓栽培技术 ………………………………………………………… 126
　模块四　设施花卉生产 …………………………………………………………… 128
　　任务1　非洲菊栽培技术 …………………………………………………………… 128
　　任务2　仙客来栽培技术 …………………………………………………………… 130
　　任务3　一品红栽培技术 …………………………………………………………… 132
　　任务4　百合栽培技术 ……………………………………………………………… 134
　　任务5　红掌栽培技术 ……………………………………………………………… 138
　单元小结及能力测试评价 …………………………………………………………… 140

主要参考文献 ……………………………………………………………………… 144
附录 ………………………………………………………………………………… 145
　附件一　蔬菜园艺工国家职业标准（中级） ……………………………………… 145
　附件二　花卉园艺工国家职业标准（中级） ……………………………………… 148
　附件三　果树园艺工国家职业标准（中级） ……………………………………… 151
　附件四　单元自测参考答案 ………………………………………………………… 155

单元一 园艺设施的覆盖材料

引例

张村的张二哥今年新盖了个大棚，计划种植西瓜。可在购买塑料薄膜、地膜时却与张二嫂发生了争执，张二哥主张买蓝色无滴膜和无滴地膜，理由是蓝色无滴膜覆盖的棚里雾滴少，西瓜发病轻；而张二嫂建议买一般的塑料薄膜和普通地膜，理由是春季种植西瓜不需要太好的薄膜，蓝色无滴膜和无滴地膜价格高，花钱多……那么，张二哥家的大棚到底购买什么样的棚膜和地膜好呢？

回答该问题，需要了解目前常用的塑料薄膜和地膜的种类与特性。与之相关的还有如何选择遮阳网、如何选择保温被等一系列问题。

本单元主要介绍了农用塑料薄膜、地膜、硬质塑料板材、遮阳网、防虫网、无纺布、保温被和草苫等常用覆盖材料的种类、主要性能、应用范围及选择原则，以使生产者能够认识和正确选择园艺设施覆盖材料。

模块一 塑料棚膜

任务1 认识塑料棚膜

【教学目标】熟悉常见塑料棚膜的种类。
【教学材料】常见塑料棚膜。
【教学方法】在教师指导下，学生了解并掌握不同塑料棚膜的特征。

塑料棚膜属于透明设施覆盖材料，按生产原料不同，分为聚氯乙烯（PVC）、聚乙烯（PE）和乙烯-醋酸乙烯共聚物（EVA）聚烯烃共聚物（PO）、聚对苯二甲酸乙二醇酯（PET）膜等，每种棚膜按配方和加工工艺不同又分为多个品种，主要棚膜介绍如下：

1. PVC膜 我国PVC膜应用始于20世纪60年代，产品有吹塑膜和压延膜两种。

PVC膜保温性能好，较耐高温、强光，也较耐老化；可塑性强，拉伸后容易恢复；雾滴较轻；破碎后容易粘补。但容易吸尘，透光率下降比较快；耐低温能力较差，在-20℃以下容易脆化；成本比较高。目前全世界PVC棚膜使用量比较大，约占棚膜总量的50%左右，其中设施农业发达的日本PVC棚膜使用量最高，达70%以上。

PVC膜种类不多，主要有普通PVC膜、PVC无滴长寿膜、PVC多功能长寿膜等，目前主要使用的是PVC多功能长寿膜。

PVC多功能长寿膜是在普通PVC膜原料中加入多种辅助剂后加工而成。具有无滴、耐老化、透光性好而稳定、拒尘和保温等多项功能，是当前冬季温室的主要覆盖用膜。

2. PE膜 PE膜的透光性好，吸尘轻，透光率下降缓慢，耐酸、耐碱。但保温性和可塑性均比较差；薄膜表面也容易附着水滴，雾滴较重；耐高温能力差，破碎后不容易粘补，寿命短，一般连续使用时间只有4～6个月。

目前，设施栽培中使用的PE膜主要为改进型PE膜，薄膜的使用寿命和无滴性得到改进和提高。主要品种类型有PE长寿膜（可连续使用1～2年）、PE无滴膜、PE多功能复合膜、PE灌浆膜等，以PE多功能复合膜应用最为普遍，PE灌浆膜近年来发展也比较快。

PE多功能复合膜一般为三层共挤复合结构，其内层添加防雾剂，外层添加防老化剂，中层添加保温成分，使该膜同时具有长寿、保温和无滴三项功效。一般厚度0.07mm左右，透光率90%左右。在覆盖上有正反面的区别，要求无滴面（反面）朝下，抗老化面（正面）朝上。

PE灌浆膜是在原有聚乙烯棚膜的基础之上，进行再次加工，通过涂覆的方法对农膜内表面进行处理，这样经过处理的棚膜，功能流滴消雾剂紧紧附着在棚模内壁，在棚膜内表面形成一层药剂层。棚内湿气一接触棚膜内壁，就会形成一层水膜，然后由于其自身重力顺势沿着棚的坡度流下，从而达到消雾和流滴的功效。

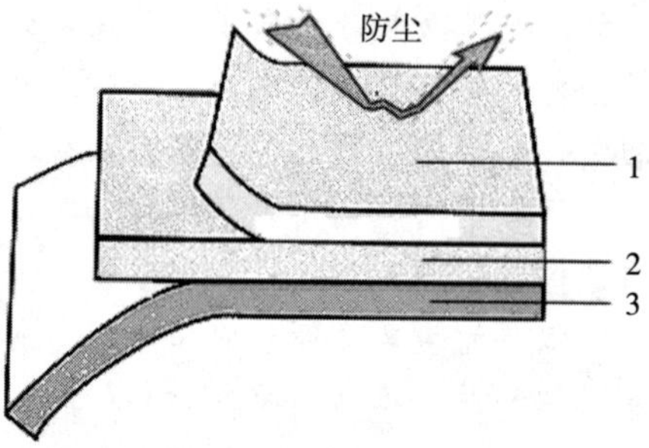

3. EVA膜 EVA膜集中了PE膜与PVC膜的优点，近年来发展很快。

图1-1 EVA棚膜结构示意图
1. 外层 2. 中层 3. 内层

EVA膜发展重点是多功能三层复合棚膜，厚度只有0.07mm左右，用膜量少，生产费用低。EVA多功能复合膜的无滴、消雾效果更好，持续时间也较长，可保持4～6个月以上，使用寿命长达18个月以上。

4. PO膜 是采用聚烯烃（PO）树脂生产的多层高档功能性聚烯烃农膜。生产用PO膜一般采用纳米技术，四层结构，表面防静电处理，无析出物，不易吸附灰尘，达到长久保持高透光的效果，当年透光率达到93%以上，第二年仍可达90%以上。消雾、流滴能力可达3～5年。保温性能好，相同条件下的夜间温度比EVA膜覆盖高1～3℃。薄膜强度高，使用寿命长，0.1mm厚度的PO膜寿命可达3年以上，是目前连栋温室、连栋大棚的主要用膜。

5. PET膜 聚对苯二甲酸乙二醇脂膜。与上述棚膜相比，PET膜强度更高、透光性更好、寿命更长、流滴持效期也更长。如日本生产的PET多功能棚膜使用寿命长达10年，并且10年无雾滴。PET棚膜在美国和日本发展较快，应用也较多。

6. 有色膜 有色膜可选择性地透过光线，有利于作物生长和提高品质，此外还能降低空气湿度，减轻病害。不同有色膜在透过光的成分上有所不同，适用的作物范围也有所不同。

目前生产上所用的有色膜主要有深蓝色膜、紫色膜和红色膜等几种，以深蓝色膜和紫色膜应用比较广泛。

相关知识

薄膜的无滴性与设施生产的关系

无滴膜主要依靠亲水的无滴剂,覆盖后膜内表面上的水滴连接成水膜沿膜流下,故也称为流滴膜。无滴剂可内添加于膜材料中,也可外涂于膜表面。

普通薄膜表面上的水珠能够吸收光线,不仅使进入棚内的光线减少,导致棚内升温缓慢,而且薄膜表面大量的水珠蒸发后又能增加棚内空气湿度。无滴膜的表面不能形成大的水珠,往往只有一层薄薄的水膜,日出后很快消失,因此透光率高,膜内湿度也相对较小。近年来一些无滴膜增加了防雾功能,可有效减少或消除大棚内的雾气,采光性更好。

薄膜的无滴性受添加剂的数量、设施内的空气湿度、雨水、温度、施肥、喷施农药以及扣膜时期等的影响较大,一般薄膜表面长时间聚水、温度偏低等能够降低无滴效果,适量的添加剂、膜面保持干燥、适宜的温度等有利于维持薄膜较长时间的无滴性。

任务2　选择塑料棚膜

【教学目标】掌握各类农用塑料棚膜的适宜使用地区、生产季节以及作物种类。

【教学材料】常见农用塑料棚膜。

【教学方法】在教师指导下,让学生了解并掌握农业塑料棚膜的选择原则。

1. 根据栽培季节选择薄膜　北方地区冬季温室生产,应当选用加厚(不小于0.1mm)的深蓝色或紫色PVC多功能长寿膜,不宜选择PE多功能复合膜和EVA多功能复合膜。南方地区冬季不甚寒冷,不覆盖草苫或覆盖时间较短,为降低生产成本,适宜选择EVA多功能复合膜和PE多功能复合膜。

春季和秋季温室栽培,适宜选择EVA多功能复合膜或PE多功能复合膜。

春季和秋季塑料大棚栽培,适宜选择薄型PE多功能复合膜或EVA多功能复合膜。

2. 根据设施类型选择薄膜　温室和大棚的保护栽培期比较长,应选耐老化的加厚型长寿膜。中、小拱棚的保护栽培时间比较短,并且定植期也相对较晚,可选择普通的PE膜或薄型PE无滴膜,降低生产成本。

3. 根据作物种类选择薄膜　以蔬菜为例,栽培西瓜、甜瓜等喜光的蔬菜应选择无滴棚膜,栽培叶菜类,选择一般的普通棚膜或薄型PE无滴膜即可。

4. 根据病害发生情况选择薄膜　栽培期比较长的温室和塑料大棚内的作物病害一般比较严重,应选择有色无滴膜,降低空气湿度。新建温室和塑料大棚内的病菌量少,发病轻,可根据所栽培作物的发病情况以及生产条件等灵活选择棚膜。

模块二　认识与选择地膜

任务1　认识地膜

【教学目标】熟悉地膜的种类,了解其主要性能。

【教学材料】常见地膜。

【教学方法】在教师指导下，让学生了解并掌握不同种类地膜的特性。

地膜是指专门用来覆盖地面的一类薄型农用塑料薄膜的总称。目前所用地膜主要为聚乙烯吹塑膜。国际上的聚乙烯地膜标准厚度通常不小于 0.012mm，我国制订的强制性国家标准 GB13735—1992《聚乙烯吹塑农用地面覆盖薄膜》中规定：地膜的厚度≥0.008mm、拉伸负荷≥1.3N、直角撕裂负荷≥0.5N。

设施园艺中常用的地膜种类主要有：

1. 广谱地膜 也即普通无色地膜。多采用高压聚乙烯树脂吹制而成。厚度为 0.012～0.016mm，透明度好、增温、保墒性能强，适用于各类地区、各种覆盖方式、各种栽培作物、各种茬口。

2. 黑色地膜 是在基础树脂中加入一定比例的炭黑吹制而成。增温性能不及广谱地膜，保墒性能优于广谱地膜。黑色地膜能阻隔阳光，使膜下杂草难以进行光合作用，无法生长，具有限草功能。宜在草害重、对增温效应要求不高的地区和季节作地面覆盖或软化栽培用。

3. 银黑两面地膜 使用时银灰色面朝上，黑面朝下。这种地膜不仅可以反射可见光，而且能反射红外线和紫外线，降温、保墒功能强，还有很强的驱避蚜虫、预防病毒功能，对花青素和维生素 C 的合成也有一定的促进作用。适用于夏秋季节地面覆盖栽培。

4. 除草地膜 该类地膜是在聚乙烯树脂中加入一定量的除草剂后加工制成。当覆盖地面后，地膜表面聚集的水滴溶解掉地膜内的除草剂，而后落回地面，在地面形成除草剂层，杂草遇到除草剂或接触到地膜时即被杀死，主要用于杂草较多或不便于人工除草地块的防草覆盖栽培。

5. 可控降解地膜 此类地膜覆盖后经一段时间可自行降解，防止残留污染土壤。目前我国可控降解地膜的研制工作已达到国际先进水平，降解地膜诱导期能稳定控制在 60d 以上，降解后的膜片不阻碍作物根系伸长生长，不影响土壤水分运动。

6. 浮膜 这是一种直接在作物群体上作天膜覆盖的专用地膜，设施内多作临时覆盖。膜上均匀分布着大量小孔，以利膜内外水、气、热交换，实现膜内温度、湿度和气体自然调节，既能防御低温、霜冻，促进作物生长，又能防止高温烧苗，还能避免因湿度过大造成病害蔓延。

任务2 选择地膜

【教学目标】掌握地膜选择的方法。
【教学材料】常见地膜。
【教学方法】在教师指导下，让学生了解并掌握地膜的选择方法。

选择地膜一般从以下几个方面进行考虑：

1. 生产季节 早春、晚秋等低温季节，通常以增温为主要目的，应当选择增温效果较好的普通无色地膜，选择无滴地膜的增温效果更好。高温季节栽培，则可根据其他情况选择地膜种类。

2. 生产方式 设施内栽培适合选择普通无色地膜和无滴地膜，露地栽培则应根据其他情况选择地膜。

3. 病虫发生情况 当地病虫，特别是蚜虫、粉虱发生严重时，应选择银灰色地膜，银灰色面朝上，黑面朝下覆盖。

4. 杂草发生情况 杂草发生较重时，应当优先选择除草效果较好的黑色地膜、银灰色地膜；如果低温期，则应选择含有除草剂的除草地膜。

5. 临时覆盖 如果是播种后对地面保湿、增温，或秧苗定植后缓苗前对苗畦进行短期保温保湿，适合选择增温效果较好的普通无色地膜作为浮膜覆盖。

相关知识

地膜覆盖方式

地膜覆盖方式比较多，主要有：

1. 高畦覆盖 畦面整平整细后，将地膜紧贴畦面覆盖，两边压入畦肩下部。为方便灌溉，常规栽培时大多采取窄高畦覆盖栽培，一般畦面宽 60～80cm、高 20cm 左右；滴灌栽培则主要采取宽高畦覆盖栽培形式。高畦覆盖属于最基本的地膜覆盖方式。

2. 高垄覆盖 分单垄覆盖和双垄覆盖两种形式（图 1-2）。单垄覆盖多用于露地和春秋季保护地栽培。双垄覆盖主要用于冬季温室蔬菜栽培，主要作用是减少浇水沟内的水分蒸发，保持温室内干燥。为减少浇水量，提高浇水质量，双垄覆盖的膜下垄沟要浅，通常深 15cm 左右为宜。

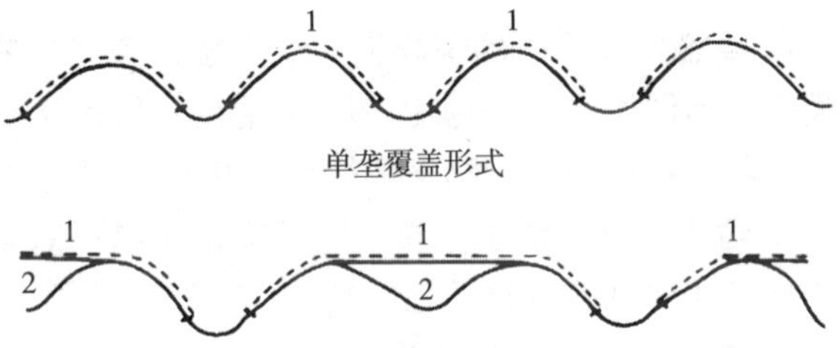

图 1-2 地膜垄畦覆盖形式
1. 地膜 2. 支竿

3. 支拱覆盖 即先在畦面上播种或定植蔬菜，然后在蔬菜播种或定植处支一高和宽各 30～50cm 的小拱架，将地膜盖在拱架上，形似一小拱棚。待蔬菜长高顶到膜上后，将地膜开口放苗出膜，同时撤掉支架，将地膜落回地面，重新铺好压紧（图 1-3）。该覆盖方式适用于多种蔬菜，特别适用于茎蔓短缩的叶菜类蔬菜。

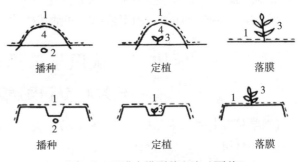

图 1-3 地膜支拱覆盖和沟畦覆盖
1. 地膜 2. 蔬菜种子 3. 蔬菜苗 4. 拱架

4. 沟畦覆盖 即在栽培畦内按行距先开一窄沟，将蔬菜播种或定植到沟内后再覆盖地膜。当沟内蔬菜长高、顶到地膜时将地膜开口，放苗出膜（图 1-3）。该覆膜法主适用于栽培一些茎蔓较高以及需要培土的果菜和茎菜类。

5. 浮膜覆盖 多用于播种畦、育苗畦的短期保温保湿以及越冬蔬菜春季早熟栽培覆盖。覆盖地膜时，将地膜平盖到畦面或蔬菜上，四边用土压住，中央压土或放横竿压住地膜，防止风吹。待蔬菜出苗或气温升高后，揭掉地膜。

实践指导

地膜覆盖技术

1. 覆膜时机 低温期应于种植前7～10d将地膜覆盖好,促地温回升。高温期要在种植后再进行覆膜。

2. 地面处理 地面要整平整细,不留坷垃、杂草以及残枝落蔓等,以利于地膜紧贴地面,并避免刺挂破地膜。杂草多的地块应在整好地面后,将地面均匀喷洒一遍除草剂再覆盖地膜。

3. 放膜 露地应选无风天或微风天放膜,有风天应从上风头开始放膜。放膜时,先在畦头挖浅沟,将膜的起端埋住、踩紧,然后展膜。边展膜,边拉紧、拉平、拉正地膜,同时在畦肩(高畦或高垄)的下部挖沟,把地膜的两边压入沟内。膜面上间隔压土,压住地膜,防止风害。地膜放到畦尾后,剪断地膜,并挖浅沟将膜端埋住。

注意事项

1. 要施足底肥、均衡施肥 地膜覆盖栽培作物的产量高,需肥量大,但由于地面覆盖地膜后,不便于开沟深施肥,因此要在栽培前结合整地多施、深施肥效较长的有机肥。另外,为避免栽培前期作物发生徒长,基肥中还应增加磷、钾肥的用量,少施速效氮肥。

2. 适时补肥,防止早衰 地膜覆盖作物的栽培后期,容易发生脱肥早衰,生产中应在生产高峰期到来前及时补肥,延长生产期。补肥方法主要有冲施肥法和穴施肥法等。

3. 提高浇水质量 由于地膜的隔水作用,畦沟内的水只能通过由下而上的渗透方式进入畦内部,畦内土壤湿度增加比较缓慢。因此,地膜覆盖区浇水要足,并且尽可能让水在畦沟内停留的时间长一些。有条件的地方,最好采取微灌溉技术,在地膜下进行滴灌或微喷灌浇水等,提高浇水质量。

4. 防止倒伏 地膜覆盖作物的根系入土较浅,但却茎高叶多、结果量大,植株容易发生倒伏,应及时支竿插架,固定植株,并勤整枝抹杈,防止株型过大。

模块三 认识与选择硬质塑料板材

任务1 认识硬质塑料板材

【教学目标】熟悉常见硬质塑料板材的种类,了解其主要性能。

【教学材料】常见硬质塑料板材。

【教学方法】在教师指导下,让学生了解并掌握不同硬质塑料板材的形态、特性等。

设施栽培所用硬质塑料板材一般指厚度0.2mm以上,适合设施覆盖的硬质透明塑料板材。硬质塑料板材的种类主要有聚碳酸酯树脂板(PC板)、玻璃纤维增强聚酯树脂板(FRP板)和玻璃纤维增强聚丙烯树脂板(FRA板)等几种,以聚碳酸酯树脂板(PC板)应用较为普遍。

PC板为聚碳酸酯系列板材的简称,分为实心型耐力板和中空型阳光板(图1-4)。

园艺设施上常用的为双层中空平板和波纹板两种。双层中空平板厚度一般为6～10mm,波纹板的厚度一般为0.8～1.1mm,波幅76mm,波宽18mm。PC板表面涂有防老化层,使用寿命15年以上；抗冲击能力是相同厚度普通玻璃的200倍；重量轻，单层PC板的重量为同等厚度玻璃的1/2，双层PC板的重量为同等厚度玻璃的1/5；透光率高达90%，衰减缓慢（10年内透光率下降2%）；保温性好，是玻璃的2倍；不易结露，在通常情况下，当室外温度为0℃，室内温度为

图1-4　PC中空阳光板

23℃，只要室内相当湿度低于80%，材料的表面就不会结露；阻燃；但防尘性差；价格较贵。

任务2　选择硬质塑料板材

【教学目标】了解温室、大棚对硬质塑料板材的要求，掌握硬质塑料板材质量鉴别方法。

【教学材料】常见硬质塑料板材。

【教学方法】在教师指导下，让学生了解并掌握温室、大棚对硬质塑料板材的基本要求与质量鉴定方法。

1. 温室、大棚对硬质塑料板材的要求

（1）透光性。透光性能好（稳定在75%～82%范围内）。在阳光下曝晒不会产生黄变、雾化、透光不佳。

（2）防紫外线。表面有防紫外线的共挤层，可防止太阳光紫外线引起的树脂疲劳变黄。

（3）抗冲击。有极佳抗冲击性能，且能在相当宽的温度范围内（-40～120℃）较长时间保持。

（4）阻燃性。要达到国家标准GB8624—97规定的难燃B1级以上，无火滴，无毒气。

（5）耐温性。长期承载条件下允许温度为-40～120℃，短期承载温度为-100～135℃。

（6）隔热性。隔热性要好，多层中空阳光板隔热效果较单层的好。

（7）加工性好。可手工切割，常温下无需要加温可冷弯。重量轻，便于搬运、钻孔。截断安装时，不易断裂，施工简便加工良好。

（8）不易结露。板材表面均匀分布有高浓度的防雾滴涂层，使表面形成的水雾迅速凝聚成水滴并沿板壁滑落。

（9）无污染。在生产和使用过程中均无有毒物质产生，产品可回收使用。

2. PC阳光板的质量鉴别

（1）比较透明度。最好的阳光板透光度在94%左右，透明度越低其回收料添加得越多，劣质阳光板颜色发乌。

（2）比较板材平整度。平整的板材一方面说明上下壁较厚，用料足，不易变形；另一方面，设备工艺也比较好。如果板材有波浪出现，说明这种阳光板工艺还不成熟或者上下壁比较薄。

（3）比较阳光板弯折情况。PC聚碳酸酯板材是有较好韧性的，如果板材非常容易断裂，说明不是纯PC材料，可能是添加了回收料的阳光板。

（4）比较阳光板表面的PE保护膜。如果PE保护膜贴得比较好、无脱落现象的好，反之则质量差。

（5）价格比较。同种规格不同品牌阳光板价格差距较大，购买时应加以注意。

实践指导

硬质塑料板材的安装

1. 安装时，施工组织者一定要仔细阅读保护膜上印的文字说明和注意事项，并向操作员说明，特别要注意正反面，千万不可错装。

2. 弯曲半径计算：阳光板可以弯曲是指可以弯曲呈平滑的弧形，并不是可以弯成任何形状。不同厚度的阳光板弯曲时允许弯曲的最小半径不同，具体的最小弯曲半径参数见表1-1。

表1-1 PC中空板的弯曲半径（mm）

阳光板厚度	4	6	8	10
最小弯曲半径	700	1 050	1 400	1 750

3. 安装前，要将保护膜沿边缘揭起，留出压条位置，使压条直接接触板材，待安装完成后，将保护膜完全撕掉，不要将带有保护膜的板材安装好后，再沿压条边划开保护膜，因为这样容易在板材上留下划痕，板材会沿划痕开裂。如使用螺丝固定阳光板时孔径应大于螺丝直径的0.5倍以上，防止冷热收缩变形，损坏板材。

4. 在连接型材中或在镶框的镶槽中必须留出有效的空间，以便板材受膨胀和受载位移。中空阳光板的线性膨胀系数为$7\times10^{-5}K^{-1}$，即温度每升高1℃，1m×1m板顺着长度方向各膨胀0.07mm，用户需根据工程所在地分四季温差算出安装间隙的数据。如北方地区，最高温度为40℃，最低温度为-30℃，1m×1m的板材安装预留间隙为0.07mm/℃×70℃=4.9mm。

5. 安装阳光板时，请使用专用密封胶和胶垫，其他种类的密封胶可能会对板材造成腐蚀，使板材变脆，容易断裂。严禁使用PVC密封条及垫片。板面禁忌接触碱性物质及侵蚀性的有机溶剂，如碱、胺、酮、醛、醚、卤代烃、芳香烃、甲醛基丙醇等。

6. 擦洗。清洗时，要使用中性清洁剂或不含侵蚀性的清洁剂加水擦洗，避免表面划痕。用软布或海绵蘸中性液轻轻擦洗，禁用粗布、刷子、拖把等其他坚硬、锐利工具实施清洗，以免产生拉毛现象。用清水把清洗下的污垢彻底冲洗干净后，用干净布把板面擦干擦亮，不可有明显水迹。当表面上出现油脂、未干油漆、胶带印迹等情况时可用软布点酒精擦洗。

模块四 认识与选择遮阳网

任务1 认识遮阳网

【教学目标】熟悉遮阳网的种类，了解其主要性能。

【教学材料】常用遮阳网。

【教学方法】在教师指导下，让学生了解并掌握不同遮阳网的形态、特性等。

遮阳网是以聚烯烃树脂为主要原料，加入一定的光稳定剂、抗氧化剂和各种色料等，熔化后经拉丝制成的一种轻质、高强度、耐老化的塑料编织网（图1-5）。

1. 按颜色分类 分为黑色、银灰色、蓝色、绿色以及黑—银灰色相间等几种类型，以

图1-5 遮阳网

前两种类型应用比较普遍。

2. 按纬编密度分类 遮阳网每一个密区为25mm,编8、10、12、14和16根塑料丝,并因此分为SZW-8型、SZW-10型、SZW-12型、SZW-14型和SZW-16型5种型号。各型号遮阳网的主要性能指标见表1-2。

表1-2 遮阳网的型号与性能指标

型 号	遮光率(%)		机械强度	
	黑色网	银灰色网	50mm宽度的拉伸强度(N)	
			经向(含一个密区)	纬向
SZW-8	20～30	20～25	≥250	≥250
SZW-10	25～45	25～40	≥250	≥300
SZW-12	35～55	35～45	≥250	≥350
SZW-14	45～65	40～55	≥250	≥450
SZW-16	55～75	50～70	≥250	≥500

遮阳网的宽度规格有90、150、160、200、220、250cm。

生产上主要使用SZW-12型、SZW-14型两种型号,宽度以160～25cm为主,每平方米质量45g和49g,使用寿命为3～5年。

相关知识

遮阳网的性能

遮阳网的主要作用是遮光和降温,防止强光和高温危害。按遮阳网的规格不同,遮光率一般从20%～75%不等。

遮阳网的降温幅度因种类不同而异,一般可降低气温3～5℃,其中黑色遮阳网的降温效果最好,可使地面温度下降9～13℃。

另外,遮阳网还具有一定的防风、防大雨冲刷、防轻霜和防鸟害等作用。

任务2　选择遮阳网

【教学目标】掌握遮阳网的选择要点。
【教学材料】常用遮阳网。
【教学方法】在教师指导下，让学生了解并掌握遮阳网的选择要点。

遮阳网主要应用于高温和强光照季节，对蔬菜等进行遮光降温育苗或栽培。在南方一些地区，冬季也有利用闲置的遮阳网直接覆盖在秋冬作物（如大白菜、花椰菜、结球莴苣等）上防寒防冻，延长采收期，或于早春为防霜冻侵袭，用遮阳网代替草苫、苇苫等，对早春菜保温覆盖，提早上市。

遮阳网选择方法：

1. 根据作物种类选择　喜光、耐高温的作物适宜选择 SZW-8 至 SZW-12 型遮光率较低的遮阳网，不耐强光或耐高温能力较差的作物应选择 SZW-14 至 SZW-16 型遮光率较高的遮阳网，其他作物可根据相应情况进行选择。如：高温季节种植对光照要求较低、病毒病危害较轻的作物（如伏小白菜、大白菜、芹菜、香菜、菠菜等），可选择遮光降温效果较好的黑色遮阳网；种植对光照要求较高、易感染病毒病的作物（如萝卜、番茄、辣椒等），则应选择透光性好，且有避蚜作用的银灰色遮阳网。

2. 根据季节选择　黑色网多于酷暑期在蔬菜和夏季花卉上使用。秋季和早春应选择银灰色遮阳网，不致造成光照过弱。

▎相关知识

优质遮阳网的标准

1. 网面平整、光滑，扁丝与缝隙平行、整齐、均匀，经纬清晰明快。
2. 光洁度好，有亮质感。
3. 柔韧适中、有弹性，无生硬感，不粗糙，有平整的空间厚质感。
4. 正规的定尺包装，遮阳率、规格、尺寸标明清楚。
5. 无异味、臭味，有的有淡淡的塑料焦煳味。

▎实践指导

遮阳网覆盖技术要点

覆盖遮阳网通常应掌握以下技术要点：

1. 为便于遮阳网的揭盖管理和固定，一般根据覆盖面积的长、宽选择不同幅宽的遮阳网，拼接成一幅大的遮阳网，进行大面积的整块覆盖。

2. 在切割遮阳网时，剪口要用电烙铁烫牢，避免以后"开边"；在拼接遮阳网时，不可采用棉线，应采用尼龙线缝合，以增加拼接牢固度。

3. 覆盖形式　遮阳网的覆盖形式通常分为外覆盖和内覆盖两种。

（1）外覆盖。外覆盖是将遮阳网直接覆盖在设施外表面或覆盖在设施外的支架上（图

1-6)。外覆盖适合于夏季遮阳覆盖，主要应用于越夏覆盖栽培。另外，大型的蔬菜生产设施也多采用外覆盖形式，进行机械化开、关管理。

（2）内覆盖。内覆盖是将遮阳网覆盖在设施内部，多采用悬挂方式悬挂在棚膜下方。内覆盖适用于晚春和早秋遮阳覆盖，也适合于早春和晚秋的保温覆盖，多作为临时性覆盖。

图1-6　温室遮阳网内覆盖

模块五　认识与选择防虫网

任务1　认识防虫网

【教学目标】熟悉防虫网的种类，了解其主要性能。
【教学材料】常见防虫网。
【教学方法】在教师指导下，让学生了解并掌握防虫网的种类、特性等。

防虫网是一种新型农用覆盖材料，它以优质聚乙烯为原料，添加了防老化、抗紫外线等化学助剂，经拉丝织造而成，形似窗纱类的覆盖物（图1-7）。

防虫网通常是以目数进行分类的。目数即是在一英寸见方内（长25.4mm，宽25.4mm）有经纱和纬纱的根数，如在一英寸见方内有经纱20根，纬纱20根，即为20目。目数小的防虫效果差；目数大的防虫效果好，但通风透气性差，遮光多，不利网内蔬菜、花卉等的生长。

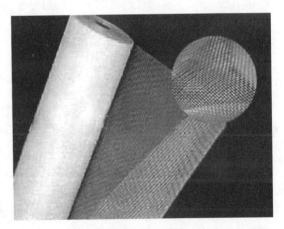

图1-7　防虫网

防虫网的颜色有白色、黑色、银灰色、灰色等几种。铝箔遮阳防虫网是在普通防虫网的表面缀有铝箔条，来增强驱虫、反射光效果。

正确使用与保管下，防虫网寿命可达3~5年或更长。

相关知识

防虫网的性能

防虫网的主要功能是以人工构建的屏障,将害虫拒之网外。此外,防虫网反射、折射的光对害虫还有一定的驱避作用。覆盖防虫网后,基本上可免除菜青虫、小菜蛾、甘蓝夜蛾、斜纹夜蛾、黄曲跳甲、猿叶虫、蚜虫等多种害虫的为害,是目前物理防治各类农作物、蔬菜害虫的首选产品。

防虫网还具有一定的遮光作用,但遮光率比遮阳网低。如 25 目白色防虫网的遮光率为 15%～25%、银灰色防虫网为 37%、灰色防虫网可达 45%,可起到一定的遮光和防强光直射作用,因此防虫网可以在蔬菜的整个生产期间实施全程覆盖保护。

任务 2　选择防虫网

【教学目标】 掌握防虫网的选择原则。
【教学材料】 常见防虫网。
【教学方法】 在教师指导下,让学生了解并掌握防虫网的选择方法。

生产上主要根据所防害虫的种类选择防虫网,但也要考虑作物的种类、栽培季节和栽培方式等因素。

防棉铃虫、斜纹夜蛾、小菜蛾等体形较大的害虫,可选用 20～25 目的防虫网;防斑潜蝇、温室白粉虱、蚜虫等体形较小的害虫,可选用 30～50 目的防虫网。

喜光性蔬菜、花卉以及低温期覆盖栽培,应选择透光率高的防虫网;夏季生产应选择透光率低、通风透气性好的防虫网,如可选用银灰色或灰色及黑色防虫网。

单独使用时,适宜选择银灰色(银灰色对蚜虫有较好的拒避作用)或黑色防虫网。与遮阳网配合使用时,以选择白色为宜,网目一般选择 20～40 目。

实践指导

防虫网覆盖技术要点

1. 防虫网覆盖前要进行土壤灭虫　可用 50% 敌敌畏 800 倍液或 1% 杀虫素 2 000 倍液,畦面喷洒灭虫,或每 $667m^2$ 地块用 3% 米乐尔 2kg 作土壤消毒,杀死残留在土壤中的害虫,清除虫源。

2. 防虫网覆盖前要施足基肥　对栽培期短的作物,基肥要一次性施足,生长期内不再撤网追肥,不给害虫侵入制造可乘机会。

3. 覆盖方式确定　大、中、小拱棚覆盖一般将防虫网直接覆盖在棚架上,四周用土或砖压严实,棚管(架)间用压膜线扣紧,留大棚正门揭盖,便于进棚操作。温室、塑料大棚防雨栽培时,一般只将防虫网覆盖于温室、塑料大棚的通风口、门等部位。

4. 防虫网要严实覆盖　防虫网四周要用土压严实,防止害虫潜入为害与产卵。

5. 拱棚应保持一定的高度　拱棚的高度要大于作物高度,避免叶片紧贴防虫网,网外害虫取食叶片并产卵于叶上。

模块六 认识与选择保温被

任务1 认识保温被

【教学目标】熟悉保温被的种类，了解其主要特征。
【教学材料】常见保温被。
【教学方法】在教师指导下，让学生了解并掌握保温被的种类与主要性能。

保温被是由多层不同功能的化纤材料组合而成的保温覆盖材料，一般厚度为6～15mm。

当前温室大棚上使用最广泛的保温被主要有两种类型：一是用针刺毡做保温芯，两侧加防水保护层；二是用发泡聚乙烯材料。

1. 针刺毡保温被 针刺毡是用旧碎线（布）等材料经一定处理后重新压制而成的，造价低，保温性能好，可充分利用工业下脚料，实现了资源的循环利用，是一种环保性材料（图1-8）。该保温被常用的防水材料有帆布、牛津布、涤纶布等，其防水性能是通过进行材料表面防水处理后获得的。为了增强保温被的保温效果，除必需的保温芯和防水层外，还有在二者之间增加无纺布、塑料膜、牛皮纸等材料的，也有在保温被的内侧粘贴铝箔用以阻挡室内长波辐射的。优质针刺毡保温被一般可以连续使用7～10年。

图1-8 针刺毡

但这种材料由于原材料来源不同，产品的性能差异较大。另外，传统的缝制式保温被的表面有很多针眼，这些针眼有的可能做了防水处理，但在经过一段时间使用后，由于保温被经常执行卷放和拉拽作业，针眼处的防水基本不能完好保持。在遇到下雨或下雪天后，雨水很容易进入保温被的保温芯，使保温芯受潮降低其保温性能，而且由于缝制保温被的针眼较小，进入保温芯的水汽很难再通过针眼排出，因此，长期使用后保温被将会由于内部受潮而失去保温性能，或者内部受潮发霉。为解决针眼渗水问题，近年来，针刺毡保温被在加工工艺上有了许多改进，例如利用聚乙烯膜做保温被表层材料，与毛毡或棉毡直接压合而成；或将面料采用双面涂覆聚氯乙烯防水等，保温被表面完整无针眼，防水性好。

2. 发泡聚乙烯材料保温被 发泡聚乙烯是一种轻型闭孔自防水材料。利用材料在发泡过程中形成的内部空隙进行保温（图1-9）。由于材料内部空隙相互不连通，所以，外部水分很难直接进

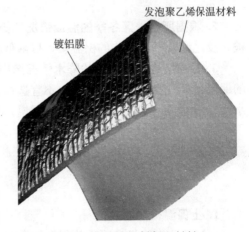

图1-9 发泡聚乙烯保温材料

入材料内部，也就克服了保温芯材料受潮性能下降的问题，同时也省去了材料的防水层，实现了材料的自防水。但发泡聚乙烯重量较轻，抗风能力较差，一般多在上下面缝合一层毡布或牛津布，增加重量，同时配置压被线确保在刮风时保温被不被掀起。另外，发泡聚乙烯容易发生老化，保温被的使用寿命只有4~6年。

相关知识

保温被的主要优点

1. 保温性 保温被的规格和结构是根据保温需要进行设计的，针对性强，并且保温被较草苫覆盖严实，紧贴薄膜，保温性能较好。一般单层保温被可提高温度5~8℃，与加厚草苫相当；而在在低温多湿地区，由于保温被的防水性较好，晴天覆盖保温被比草苫温度提高2~3℃，雨雪天提高4~5.5℃。

同草苫一样，保温被使用一段时间后，由于结构损坏，其保温能力也有所下降。

2. 持久性 保温被采用棉纤维、毛纤维和化学纤维等做原料，注重抗紫外线和抗氧化的功能，解决了稻草苫不能解决的怕酸碱、怕潮湿、怕霉变的难题，使用寿命长，一般正常使用时间可达10年以上，而草苫的使用寿命一般只有2~3年。

3. 易于卷放操作 草苫体积大，重量大，卷帘机卷草苫会经常走偏，卷放强度大，并且对草苫的损坏也比较严重。保温被薄并且重量轻，使用小功率卷放机即可完成模块，并且卷保温被不会走偏，卷放和运输、保存都方便。

任务2 选择保温被

【教学目标】掌握保温被的选择方法。
【教学材料】常见保温被。
【教学方法】在教师的指导下，让学生了解并掌握保温被的一般选择方法。

1. 选择合格的保温被 合格的保温被一般用针刺毡、腈纶棉、防水包装布、镀铝膜等多层材料复合缝制而成，要求质轻、蓄热保温性好，能防雨雪，厚度不应低于3cm，寿命在5~8年。

2. 根据所在地区冬季的温度情况选择保温被 冬季严寒地区应选择厚度大一些的保温被，反之则选择薄一些的保温被，以降低生产成本。

3. 根据所在地区冬季的降水情况选择保温被 冬季雨、雪多的地区应选择防水效果好的保温被。使用缝制式保温被时，不宜选择双面防水保温被，因为双面防水保温被一旦进水后，水难以清除，冬天上了冻后，不但不保温，反而从棚内吸热降温，并且也容易使保温被碎裂。

实践指导

保温被的安装与维护

1. 上保温被前的准备

（1）选购卷帘机。要选购保温被专用的卷帘机。由于保温被比草苫薄，重量也轻，通常选用小机头卷帘机即可。

（2）卷帘机横卷杆通常每隔0.5m设一个固定螺母，以利于穿钢丝固定保温被。

（3）大棚东西两侧墙上应备有压被沙袋、连接绳，通常一条保温被需要备用一条同样长的尼龙绳（带）。

2. 上保温被

（1）要严格按照安装要求将保温被与卷帘机连接安装好。

（2）上保温被时，两床保温被之间的搭接宽度不能少于10cm。保温被底下的尼龙绳（带）下端要固定在大棚的横铁杆上，上端固定在钢丝上。

（3）保温被上好后，由连接绳将保温被搭接处连成一体，或通过自带的子母扣或防水连接扣，按要求连接好。

（4）保温被应固定在大棚后墙顶中央。后墙顶向北应有一定的倾斜度，并用完整防水油布（纸）覆盖，以利于雨水向外排放，防止浸湿保温被。

（5）保温被覆盖好后，大棚东西墙体上应搭压30cm，用沙袋压好，防止被风吹起，降低保温效果。

（6）保温被覆盖大棚到底端时，应在地面与大棚膜交接处放置旧草苫子，防止保温被接触地面积水。

（7）保温被安装后应进行下放和卷起调式，如果出现温室两侧卷放不同步现象时，应松开保温被的卡子，重新调整保温被的位置，并重复以上操作直到温室两侧同步卷放为止。

3. 保温被应用与维护

（1）卷帘电机在开启和关闭到极限位置时，应及时使电机停止，防止保温被撕裂。

（2）雪天过后，应及时清扫掉保温被上的积雪，防止保温被因结冰打滑而影响卷放。如果保温被被雨水打湿，应在次日卷起前让阳光照射一段时间，基本干燥后再卷起。

（3）遇强冷天气保温被与防水膜冻结时，应让太阳照射一段时间，至冰块水化后再卷起。

（4）第二年夏季不用时，选择晴天晾晒干燥后，卷起保存在后墙上或运回家，用防水膜密封保存，严禁日晒雨淋。

模块七 认识与选择草苫

任务1 认识草苫

【**教学目标**】掌握草苫的种类与主要性能。

【**教学材料**】常见草苫。

【**教学方法**】在教师指导下，让学生了解并掌握草苫的种类与主要性能。

北方地区常用草苫主要有稻草苫和蒲草苫两种。

1. 稻草苫 用稻草加工制成。稻草苫材料来源广，制作成本低，价格便宜；质地柔软，易于覆盖，覆盖严实，保温性好；防潮能力好，不易霉烂。其主要不足是厚度大、用料多、重量大，不方便搬运和贮存；稻草秸秆短，一幅草苫需要多个草把接长，接头处容易开裂，影响使用寿命。在正常使用和保管情况下，一般可连续使用3~5年。

按制作方法不同，草苫又分为人工加工草苫和机器加工草苫两种。

（1）人工加工草苫。草把排列紧而整齐，草苫表面平整，两边也较齐，不容易掉草，保温效果好；草苫弹性好，容易卷放，使用寿命也长；用料较多，加工工效低，草苫价格高。

（2）机器加工草苫。用料少，加工工效高，价格便宜；草把排列不紧，容易掉草和开裂，保温效果不如手工加工草苫好；草苫表面叶片、秸秆较多，两边多较"毛糙"；草苫弹性差，不易于卷放；使用寿命短。

2. 蒲草苫 用蒲草加工制成。与稻草苫相比较，蒲草苫质地硬，容易折断，覆盖也不严密，保温性差；蒲草秸秆的下端尖硬，容易刺破薄膜；密度小，重量轻；蒲草较长，适于加工制作超宽幅草苫。

相关知识

草苫的性能

草苫主要功能是用于低温期的设施保温，一般覆盖一层新草苫（厚度 4cm 以上），可提高温度 5~7℃，但随着草苫层数的增多，单层草苫的平均保温性能下降。

任务2 选择草苫

【教学目标】掌握优质草苫的质量标准与生产要求。
【教学材料】常见草苫。
【教学方法】在教师指导下，让学生了解并掌握草苫的选择要点。

1. 草苫的规格选择 适宜的草苫长度为"棚面宽＋（1~2）m"。较棚面宽长出的 1~2m，用来压到后坡和前地面上，增强保温效果。

稻草秸秆短，不适合做宽幅草苫，适宜的宽度为 1.2~2.0m。草苫过宽，草把接头增多，牢度性差。

普通温室所用草苫厚度要求不少于 3cm，节能型日光温室所用草苫厚度应不少于 4cm。按重量计算，3m 宽的稻草苫，每米重量一般要求不少于 11.5kg，也有订制加厚的，约 12.5kg。

2. 草苫的质量要求

（1）草把排列要紧密。用手从两侧拉、拽草把，草把不容易被抽出。用力抖动草苫，不掉草。

（2）规格要均匀。要求草把大小、草苫厚度、草苫宽度等均匀一致。

（3）编草要新而干燥。编制草苫的草要求新而干燥，发霉的陈草质地柔软，容易断裂，不宜用来编制草苫。

（4）径绳的道数要适宜。编制草苫的径绳间距不超过 15cm，最外沿的径绳距草苫边缘应保持在 8~10cm，1.2m 宽草苫一般不少于 8 道径绳。

（5）径绳要结实耐用。编制草苫要使用尼龙绳，塑料绳容易老化，不能用来编制草苫。另外，尼龙绳要选择经过抗老化处理的"熟丝"，不要购买"生丝"，"生丝"容易老化，使用寿命短。

判断尼龙绳是"生丝"还是"熟丝"的方法：用手指甲对尼龙绳使劲来回刮一下，如果起毛，则说明是"生丝"，购买时要倍加留心。

实践指导

草苫使用与管理要点

1. 覆盖前的准备

（1）用竹竿加固。新购置的草苫上苫前，每个草苫取两根长度同草苫宽的细竹竿（直径3cm左右），用细铁丝分别固定到草苫的上、下两端，以增强两端的抗拉或抗勒能力。

（2）草苫接长。将两幅草苫上、下叠压齐，叠压部分宽20cm左右，然后用细尼龙绳或塑料绳按10cm间距，上、下缝两道横线，将草苫连接好。

（3）草苫修补。草苫局部容易发生开裂或被鼠咬坏时，用一段长度较破损处稍大一些的完整草苫，覆盖到破损处，两边对齐后，将上、下两端用尼龙绳缝连好。

2. 上苫的技术要点

（1）应选无风天或微风天上苫。

（2）草苫的上苫形式主要有"品"字形、斜"川"字形和混合形3种（图1-10）。多风地区人工卷放草苫应当选用混合形上苫，机械卷放草苫适合选用斜"川"字形。

图1-10　草苫的上苫形式
1."品"字形　2.斜"川"字形　3.混合形

（3）相邻草苫间相互搭接部分不得少于10cm。

（4）草苫的顶端应用细铁丝固定到温室顶部的粗铁丝或预埋的固定锚钩上，将草苫固定住，避免下放时草苫上部下滑，或被风吹散。

（5）草苫在棚顶排列要整齐，人工卷放的草苫要用拉绳将草苫固定住。

3. 草苫卷放要点

（1）草苫卷放要适时。一般上午当阳光照满棚面后开始卷起草苫，卷起过晚，卷苫后棚温升高过快，容易导致作物萎蔫。雪后或久阴乍晴日，人工卷苫时应间隔卷起草苫，机械卷放草苫时要先卷起下部，不要一次全部卷起，避免室内温度上升过快，导致作物萎蔫。下午当阳光西斜，棚内温度低于20℃，温室内西部棚膜下开始起雾时放苫。

（2）草苫固定要牢固。草苫放下后，地面部分要用土袋或石块等压住，两侧部分要用土袋或石块压到两山墙上。一方面可使草苫严实覆盖，提高保温效果；另一方面还能防止风吹起草苫。

（3）草苫要保持干燥。雪后要将草苫上的积雪清理掉后再卷起，避免带雪卷草苫。雪天应先清理掉膜面积雪，再放下草苫，避免积雪融化后打湿草苫。

（4）草苫卷放要规范。草苫卷起要紧，放下草苫时，草苫在棚面要放正，不要偏斜。机械卷放草苫时，要严格按照要求进行操作，注意人身安全。

4. 草苫的维护与存放

（1）要防止雨雪打湿草苫。雨雪打湿草苫后，不仅降低草苫的保温效果，而且草苫重量加大，也增加了卷草苫的难度，并且棚面承受的压力增大，还容易损坏棚面结构。为避免雨雪打湿草苫，通常草苫放下后，应在草苫的表面覆盖一层塑料薄膜保护草苫。

（2）草苫被雨雪打湿后，要及时放开晾晒干。

（3）机械卷放草苫，拉绳的力量大，对草苫的损坏程度也比较高，可在草苫下贴覆一层无纺布保护草苫。具体做法：放下草苫前，先覆盖一层无纺布，用细钢丝每隔3m将其上端固定在大棚后墙上的东西向拉绳上，然后，再把草苫覆盖其上，最后用细钢丝将两者的上下两头连接起来即可。

（4）草苫使用过程中如果发生断绳、散草、开边等现象时，应及时修补好。

（5）春季气温升高后，要及时将草苫撤下，晾干后用防雨布覆盖好，下部垫起，集中放在通风处存放。草苫存放过程中要定期检查，发现漏水湿帘时，要及时翻堆晾晒干。另外，草苫存放过程中还要注意防鼠害。

单元小结及能力测试评价

设施覆盖材料主要有塑料薄膜、地膜、硬质塑料板材、遮阳网、防虫网、保温被和草苫。其中塑料薄膜、地膜、硬质塑料板材为透明覆盖材料；遮阳网和防虫网属于半透明覆盖材料，主要用于遮阴和防虫覆盖；保温被和草苫属于不透明覆盖材料，主要用于保温覆盖。每种覆盖材料均有其各自的特性和适用范围，要正确选择覆盖材料，使用过程中应加强覆盖材料的维护和贮藏。

■ 实践与作业

1. 在教师的指导下，让学生了解当地园艺设施覆盖材料的种类和生产应用情况。对当地主要园艺设施覆盖材料应用情况进行分析，并提出合理化建议。

2. 在教师的指导下，让学生进行塑料薄膜、地膜、硬质塑料板材、遮阳网、防虫网、保温被和草苫覆盖练习，总结上述覆盖材料的覆盖技术要领，写出操作流程和注意事项。

■ 单元自测

一、填空题（40分，每空2分）

1. 设施常用的透明覆盖材料主要有_____和_____；常用保温覆盖材料主要有_____和_____两种。

2. 我国常用塑料薄膜主要有_____、_____和_____3种。

3. 具有除草功能的地膜是_____、_____和_____3种。

4. 遮阳网的主要作用是_____和_____，夏季栽培应选择遮光率_____的遮阳网。

5. 防虫网的主要功能是_____。防棉铃虫、斜纹夜蛾、小菜蛾等体形较大的害虫，可选用_____目的防虫网；防斑潜蝇、温室白粉虱、蚜虫等体形较小的害虫，可选用_____目的防虫网。

6. 合格的保温被要求_____、蓄热保温性好，能防_____，厚度不应低于_____cm，寿命在_____年。

二、判断题（24分，每题4分）

1. 聚乙烯多功能复合膜较适合于北方塑料大棚覆盖。（   ）

2. "半无滴膜"只有一面具有防雾滴功能。（   ）

3. 防虫网的目数越大，防虫效果越差。（　　）

4. 一般覆盖一层新草苫（厚度 4cm 以上），可提高温度 5～7℃，但随着草苫层数的增多，单层草苫的平均保温性能下降。（　　）

5. 典型保温被一般由防水层、隔热层、保温层和反射层四部分组成。（　　）

6. 防虫网的目数即是在一英寸见方内（长 25.4mm，宽 25.4mm）有经纱和纬纱的根数。（　　）

三、简答题（36 分，每题 6 分）

1. 怎样选择塑料棚膜？
2. 怎样选择遮阳网？
3. 怎样选择防虫网？
4. 怎样选择地膜？
5. 怎样选择保温被？
6. 怎样选择草苫？

能力评价

在教师的指导下，学生以班级或小组为单位进行设施覆盖材料选择与覆盖实践。实践结束后，学生个人和教师对学生的实践情况进行综合能力评价。结果分别填入表 1-3 和 1-4。

表 1-3　学生自我评价表

姓名		班级		小组	
生产模块		时间		地点	
序号	自评任务		分数	得分	备注
1	学习态度		5		
2	资料收集		10		
3	工作计划确定		10		
4	棚膜选择和覆盖实践		20		
5	地膜选择与覆盖实践		20		
6	遮阳网选择与覆盖实践		15		
7	保温被的选择与覆盖实践		10		
8	草苫选择与覆盖实践		10		
合计得分					
认为完成好的地方					
认为需要改进的地方					
自我评价					

表1-4 指导教师评价表

指导教师姓名：_____ 评价时间：_____年_____月_____日 课程名称_____

生产模块：

学生姓名：_____ 所在班级：_____

评价任务	评分标准	分数	得分	备注
目标认知程度	工作目标明确，工作计划具体结合实际，具有可操作性	5		
情感态度	工作态度端正，注意力集中，有工作热情	5		
团队协作	积极与他人合作，共同完成工作模块	5		
资料收集	所采集材料、信息对工作模块的理解、工作计划的制定起重要作用	5		
生产方案的制订	提出方案合理、可操作性、对最终的生产模块起决定作用	10		
方案的实施	操作的规范性、熟练程度	45		
解决生产实际问题	能够解决生产问题	10		
操作安全、保护环境	安全操作，生产过程不污染环境	5		
技术文件的质量	技术报告、生产方案的质量	10		
合计		100		

资料链接

1. 中国温室网：http://www.chinagreenhouse.com
2. 中国园艺网：http://www.agri-garden.com
3. 中国农资网（农膜网）：http://www.ampcn.com/nongmo
4. 中国农地膜网：http://www.nongdimo.cn

单元二　了解园艺设施的类型与应用

引　例

李村的李大哥听说种大棚、种韭菜比种粮收入高，经过和李大嫂反复协商，决定也建一大棚，可后来听说建温室的生产效益更高，又想改建温室……就这样反反复复，始终拿不定主意。后来经过咨询专家，并到专业生产基地和市场等进行实地考察后，最终决定改建小拱棚种植韭菜。那么，应当怎样正确选择园艺设施类型呢？

本单元主要介绍风障畦、阳畦、电热温床、塑料小拱棚、塑料大棚和温室等常用园艺设施的主要类型、结构特点、性能及生产应用情况。通过学习，使学生具备正确选择园艺设施类型并能正确进行生产应用的能力。

模块一　风　障　畦

任务1　认识风障畦的结构

【教学目标】掌握风障畦的结构特点。
【教学材料】常用风障畦。
【教学方法】在教师指导下，让学生了解并掌握风障畦的结构特点。

风障畦是指在菜畦的北侧立有一道挡风屏障的蔬菜栽培畦。风障畦主要由栽培畦与风障两部分构成，(图2-1)。

1. 栽培畦　栽培畦主要为低畦。视风障的高度不同，畦面一般宽 1～2.5m。根据畦面是否有覆盖物，通常将栽培畦分为普通畦和覆盖畦两种。

2. 风障　风障是竖立在蔬菜栽培畦北侧的一道高 1～2.5m 的挡风屏障。

风障的结构比较简单。完整风障主要由篱笆、披风和土背 3 部分组成，简易风障一般只有篱笆和土背，不设披风。

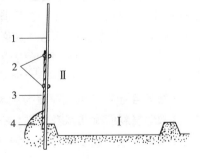

图 2-1　风障畦的基本结构
Ⅰ. 栽培畦　Ⅱ. 风障
1. 篱笆　2. 拦腰　3. 披风草　4. 土背

（1）篱笆。篱笆是挡风的骨干，主要用玉米秸、高粱秸等具有一定强度和高度的作物秸秆夹设而成。为增强篱笆的抗风能力，在篱笆内一般还间有较粗的竹竿或木棍等。

（2）披风。披风固定在风障背面的中下部，主要作用是加强风障的挡风能力。一般用质地较软、结构致密的草苫、苇席、包片以及塑料薄膜等，高度1～1.5m。有的地方在风障的正面也固定上一层旧薄膜或反光膜，加强风障的挡风和反射光作用，增温和增光效果比较好。

（3）土背。土背培在风障背面的基部，一般高40cm左右，基部宽50cm左右。土背的主要作用是加固风障，并增强风障的防寒能力。

风障畦的长度一般不小于10m。风障畦越长，风障两端的风回流对风障畦的不良影响越小，畦内的温度越高，栽培效果也越好。

栽培畦不易过宽，视风障的高度以及所栽培蔬菜的耐寒程度不同，以1～2.5m为宜。栽培畦过宽，一是畦内、外两侧的小气候差异幅度增大，蔬菜生长不整齐；二是畦面受"穿堂风"的影响也增大。

任务2　认识风障畦的类型

【教学目标】掌握风障畦的主要类型。

【教学材料】常用风障畦。

【教学方法】在教师指导下，让学生了解并掌握风障畦的主要类型。

依照风障的高度不同，一般将风障畦划分为小风障畦和大风障畦两种类型（图2-2）。

1. 小风障畦　风障低矮，通常高度1m左右，结构也比较简单，一般只有篱笆，无披风和土背。

小风障畦的防风抗寒能力比较弱，畦面多较窄，一般只有1m左右。主要用于喜温蔬菜早春提早保护定植。

2. 大风障畦　风障高度2.5m左右，保护范围较大，其栽培畦也比较宽，一般为2m左右。

大风障畦的增温、保温性较小风障畦的好，土地利用率也比较高。多用于冬春季育苗以及冬季或早春栽培绿叶菜类、葱蒜类、白菜类等。

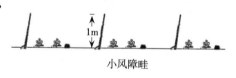
小风障畦

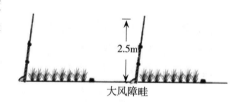
大风障畦

图2-2　小风障畦与大风障畦

任务3　了解风障畦的生产应用

【教学目标】掌握风障畦的主要生产应用。

【教学材料】常用风障畦。

【教学方法】在教师指导下，让学生了解并掌握风障畦的主要生产应用。

1. 越冬栽培　用大风障畦保护秋播蔬菜、花卉或多年生蔬菜、花卉安全越冬，并于春季提早生产上市，一般种植蔬菜可较露天栽培提早15～20d上市。

冬季栽培用风障畦，风障应向南倾斜75°左右，以减少风害及垂直方向上的对流散热量，加强风障的保温性能。风障间距为风障高度的3倍左右。

2. 春季提早栽培　用小风障保护，于早春定植一些瓜类、豆类或茄果类蔬菜，可提早上市15～20d。

3. 冬春栽培　在冬季不甚寒冷地区，用大风障畦，畦面覆盖薄膜和草苫，栽培韭菜、韭黄、蒜苗、芹菜等，一般于元旦前后开始收获上市。

春季用风障畦，风障应与地面垂直或采用较小的倾斜角，风障间距为风障高度的4～6倍，避免遮光。

■ 相关知识

风障畦的主要性能

1. 防风性　风障的主要功能是削弱风障前的风速。风障的有效防风范围约为风障高度的12倍，离风障越近，风速越小。据测定，在风障的有效防风范围内，由外向内，一般能使障前的风速削弱10%～50%。

2. 保温性　风障畦主要是依靠风障的反射光、热辐射以及挡风保温作用，使栽培畦内的温度升高。由于风障畦是敞开的，无法阻止热量向前和向上散失，因此风障畦的增温和保温能力有限，并且离风障越远，温度增加越不明显。

风障畦的增温和保温效果受气候的影响也很大，一般规律是，晴天的增、保温效果优于阴天；有风天优于无风天，并且风速越大，增温效果越明显（表2-1）。

表2-1　气候对风障畦内地温的影响（℃）

观测位置	有风晴天		无风晴天		阴天	
	10cm地温	比露地增温	10cm地温	比露地增温	10cm地温	比露地增温
距风障0.5m	10.4	+7.2	-0.2	+2.1	0.0	+0.6
距风障1.0m	8.8	+5.6	-0.4	+1.9	-0.4	+0.2

3. 增光性　风障能够将照射到其表面上的部分太阳光反射到障前畦内，增强栽培畦内的光照。一般晴天畦内的光照量比露地增加10%～30%，如果在风障的南侧缝贴一层反光膜，可较普通风障畦增加光照1.3%～17.4%，并且提高温度0.1～2.4℃。

■ 练习与作业

1. 认真观察风障畦各部分结构，并绘制结构图。
2. 到风障畦栽培区实地测量风障畦的规格以及田间排列情况。

模块二　阳　　畦

任务1　认识阳畦的结构

【教学目标】掌握阳畦的结构特点。

【教学材料】常用阳畦。

【教学方法】在教师指导下，让学生了解并掌握阳畦的主要结构特点。

阳畦是在风障畦的基础上，将畦底加深、畦埂加高、加宽，白天用玻璃窗或塑料拱棚覆盖，夜间覆盖草苫保温，以阳光为热量来源的简易保护设施。

阳畦主要由风障、畦框和覆盖物组成（图2-3）。

1. 风障 一般高度2～2.5m，由篱笆、披风和土背组成。篱笆和披风较厚，防风、保温性能较好。

2. 畦框 畦框的主要作用是保温以及加深畦底，扩大栽培床的空间。

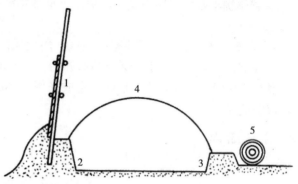

图2-3 阳畦的基本结构
1. 风障 2. 北畦框 3. 南畦框
4. 塑料拱棚（或玻璃窗扇） 5. 保温覆盖物

多用土培高后压实制成，也有用砖、草把等砌制或垫制而成。

南畦框一般高20～60cm，宽度30～40cm。北畦框高度40～60cm，宽度35～40cm。东西两畦框与南北畦框相连接，宽度同南畦框。畦上口宽2m左右。

3. 覆盖物 主要包括塑料薄膜、玻璃等透明覆盖物以及草苫、苇苫等保温覆盖物。

任务2 认识阳畦的类型

【教学目标】掌握阳畦的主要结构类型。
【教学材料】常用阳畦。
【教学方法】在教师指导下，让学生了解并掌握阳畦的主要结构类型。

按南北畦框的高度相同与否，分为抢阳畦和槽子畦两种（图2-4）。

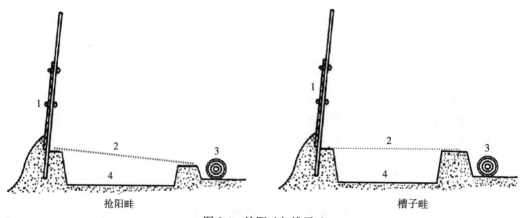

图2-4 抢阳畦与槽子畦
1. 风障 2. 透明覆盖物 3. 保温覆盖物 4. 栽培槽

1. 抢阳畦 南畦框高20～40cm，北畦框高35～60cm，南低北高，畦口形成一自然的斜面，采光性能好，增温快，但空间较小，主要用于培育各类作物苗。

2. 槽子畦 南、北畦框高度相近，或南框稍低于北框，一般高度40～60cm，畦口较平，白天升温慢，光照也比较差，但空间较大，可用于低矮蔬菜、花卉等栽培。

任务3　了解阳畦的生产应用

【教学目标】掌握阳畦的主要生产应用。

【教学材料】常用阳畦。

【教学方法】在教师指导下，让学生了解并掌握阳畦的主要生产应用。

阳畦空间较小，冬季可生产耐寒绿叶菜，如茼蒿、生菜、茴香、香菜、油菜等；早春可进行蔬菜育苗。喜温蔬菜可在温室或温床播种育好籽苗，再移植到阳畦育成苗。若果菜类蔬菜在温室育苗，定植前可转移到阳畦中进行炼苗。

入冬前建造阳畦，一般按阳畦上口宽2m，北部留出0.5m夹障子，东西可按整块地拉南北框两条通线，每个阳畦长10m以上，南北间距为风障高度的3倍左右。每个阳畦内距北框20cm，距南框10cm，距东西框15cm重新画线，从线内取土做框。先把表土起一锹深堆入一边，取底土做框，前框一次铺土做成，后框分3～4次铺土，每次用耙搂平踩实，框北高南低。四周全部踩实后，重新按阳畦规格拉绳，踩印，按印把床框用锹切齐。整平畦面，再把表土铺在畦面上。做完畦框，挡上木杆，覆盖薄膜，夜间盖草苫防寒保温。

相关知识

阳畦的性能

1. 增、保温性 阳畦空间小，升温快，增温能力比较强。如北京地区12月至翌年1月，普通阳畦的旬增温幅度一般为6.6～15.9℃。阳畦低矮，适合进行多层保温覆盖，保温性能好，北京地区12月至翌年1月，普通阳畦的旬保温能力一般可达13～16.3℃。

阳畦的温度高低受天气变化的影响很大，一般晴天增温明显，夜温也比较高，阴天增温效果较差，夜温也相对较低。

阳畦内各部位因光照量以及受畦外的影响程度不同，温度高低有所差异（表2-2）。

表2-2　阳畦内不同部位的地面温度分布

距离北框（cm）	0	20	40	80	100	120	140	150
地面温度（℃）	18.6	19.4	19.7	18.6	18.2	14.5	13.0	12.0

阳畦内畦面温度分布不均匀的特点，往往造成畦内蔬菜或幼苗生长不整齐，生产中要注意区分管理。

2. 增光性 阳畦空间低矮，光照比较充足，特别是由于风障的反射光作用，阳畦内的光照一般要优于其他大型保护设施。

练习与作业

1. 认真观察阳畦各部分结构，并绘制结构图。
2. 调查当地阳畦的生产应用情况。

模块三 电热温床

任务1 认识电热温床的结构

【教学目标】掌握电热温床的结构特点。

【教学材料】常用电热温床。

【教学方法】在教师指导下，让学生了解并掌握电热温床的基本结构。

电热温床是指在畦土内或畦面铺设电热线，低温期用电能对土壤进行加温的蔬菜、花卉和果树的育苗畦或栽培畦的总称。

完整电热温床由保温层、散热层、电热线、床土和覆盖物5部分组成（图2-5）。

1. 隔热层 是铺设在床坑底部的一层厚10～15cm 的秸秆或碎草，主要作用是阻止热量向下层土壤中传递散失。

2. 散热层 是一层厚约5cm 的细沙，内铺设有电热线。沙层的主要作用是均衡热量，使上层床土均匀受热。

3. 电热线 为一些电阻值较

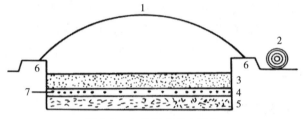

图2-5 电热温床基本结构
1.透明覆盖物 2.保温覆盖物 3.床土层
4.散热层 5.隔热层 6.畦框 7.电热线

大、发热量适中、耗电少的金属合金线，外包塑料绝缘皮（图2-6）。为适应不同生产需要，电热线一般分为多种型号，每种型号都有相应的技术参数。表2-3中为上海DV系列电热线的主要型号及技术参数。

图2-6 碳纤维电热线

表 2-3　DV 系列电热线的主要型号及技术参数

型号	电压（V）	电流（A）	功率（W）	长度（m）	色标	使用温度（℃）
DV20406	220	2	400	60	棕	≤40
DV20608	220	3	600	80	蓝	≤40
DV20810	220	4	800	100	黄	≤40
DV21012	220	5	1 000	120	绿	≤40

4. 床土　床土厚度一般为 12～15cm。育苗钵育苗不铺床土，一般将育苗钵直接排列到散热层上。

5. 覆盖物　分为透明覆盖物和不透明覆盖物两种。透明覆盖物的主要作用是白天利用光能使温床增温，不透明覆盖物用于夜间覆盖保温，减少耗电量，降低育苗成本。

6. 控温仪　控温仪的主要作用是根据温床内的温度高低变化，自动控制电热线的线路切、断。不同型号控温仪的直接负载功率和连线数量不完全相同，应按照使用说明进行配线和连线（图 2-7）。

7. 交流接触器　其主要作用是扩大控温仪的控温容量。一般当电热线的总功率＜2 000W（电流 10A 以下）时，可不用交流接触器，而将电热线直接连接到控温仪上。当电热线的总功率＞2 000W（电流 10A 以上）时，应将电热线连接到交流接触器上，由交流接触器与控温仪相连接。农用电热线主要使用 220V 交流电源。当功率电压较大时，也可用 380V 电源，并选择与负载电压相配套的交流接触器连接电热线（图 2-8）。

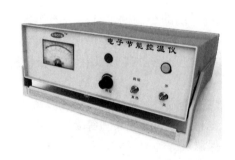
图 2-7　电子控温仪

图 2-8　交流接触器

任务 2　电热温床的应用

【教学目标】掌握电热温床的应用与管理要点。
【教学材料】常用电热温床。
【教学方法】在教师指导下，让学生了解并掌握电热温床的应用与管理要点。

电热温床的床土浅，加温费用高，不适合生产栽培，主要用于冬春季蔬菜育苗。由于电热温床温度高、幼苗生长快等原因，电热温床的育苗期一般较常规育苗床缩短，故电热温床育苗时应适当推迟播种期。

实践指导

电热温床管理要点

电热温床的土温较高，水分蒸发快，床土容易发生干旱，要注意勤浇水。但每次的浇水量不宜过多，避免床坑内积水发生漏电短路。另外，还要加强温床的保温措施，缩短通电时间，降低费用。

练习与作业

1. 认真观察电热温床各部分结构，并绘制结构图。
2. 调查当地电热温床的生产应用情况。

模块四　塑料小拱棚

任务1　认识塑料小拱棚的结构

【教学目标】掌握塑料小拱棚的结构特点。
【教学材料】常用塑料小拱棚。
【教学方法】在教师指导下，让学生了解并掌握塑料小拱棚的结构特点。

塑料小拱棚是指棚高低于1.5m，跨度3m以下，棚内有立柱或无立柱的塑料拱棚。主要由拱架、支柱、棚膜、压膜线、保温覆盖物等部分构成（图2-9）。

1. 拱架　一般用细竹竿、圆钢、细钢管等材料，早期的小拱棚也有用木架作拱架，上覆盖玻璃。

2. 支柱　一般用木棒、粗竹竿、细水泥柱等，小一些的小拱棚以及在大型保护地内的小拱棚一般不设支柱。

3. 棚膜　一般选用普通棚膜，一些临时性覆盖也有选用厚一些的地膜做棚膜覆盖。

4. 压杆　多选用细竹竿、表面光滑的树条等，也有用塑料绳、布绳等做压膜用。

5. 保温覆盖物　主要为草苫，也有用无纺布、保温被等。

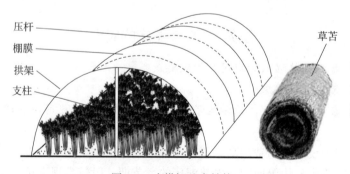

图2-9　小拱棚基本结构

任务2　认识塑料小拱棚的类型

【教学目标】掌握塑料小拱棚的主要类型。
【教学材料】常用塑料小拱棚。
【教学方法】在教师指导下，让学生了解并掌握塑料小拱棚的主要类型。

依结构不同，一般将塑料小拱棚划分为拱圆棚、半拱圆棚、风障棚和双斜面棚4种类型（图2-10）。其中以拱圆棚应用最为普遍，双斜面棚应用相对比较少。

1. 拱圆棚　为小拱棚的基本结构类型，应用最为广泛。

2. 半拱圆棚　半拱圆棚的北半部为土墙，保温效果好，但生产空间减少，多用于早春多风、低温时节进行育苗，现已较少应用。

3. 风障棚　风障棚带有风障，防风保温效果最好，可用于早春育苗，也可用于早春提早定植生产等，生产应用较为普遍。

4. 双斜面棚　双斜面棚空间低矮，生产效果差，主要为早期覆盖玻璃用的木架结构类型，现很少应用。

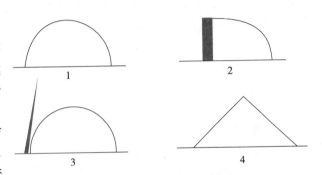

图2-10　塑料小拱棚的主要类型
1. 拱圆棚　2. 半拱圆棚　3. 风障棚　4. 双斜面棚

任务3　了解塑料小拱棚的生产应用

【教学目标】掌握塑料小拱棚的主要生产应用。
【教学材料】常用塑料小拱棚。
【教学方法】在教师指导下，让学生了解并掌握主要塑料小拱棚的主要生产应用。

1. 育苗　小拱棚的空间低矮，较适合育苗。生产上多用于大型设施内的小拱棚育苗，或用作早春分苗床育苗，或于高温季节防雨、遮阳育苗等。

2. 早熟栽培　主要用于春季小拱棚保护提早定植，提早上市；或提早保护播种，提早上市；或早春覆盖小拱棚，促越冬蔬菜等早萌发，早上市。一般小拱棚保护可提早定植期或播种期15~20d。

3. 越冬栽培　主要是配合风障保护进行露地越冬栽培，如生产韭黄、芹菜等。另外，生产上也常用小拱棚保护一些耐寒蔬菜安全越冬。

4. 延迟栽培　主要是晚秋或初冬时节，利用小拱棚进行短期覆盖保护，延迟上市时间，延长上市期。如：大棚番茄进入初冬后，将番茄从架上解下，降低高度，用小拱棚进行覆盖保护，可延长生产期10~15d，也延长了新鲜番茄的上市时间。

5. 生产食用菌　主要是利用小拱棚容易创造弱光、潮湿环境的特点，用稍大一些的小拱棚进行食用菌生产。具有生产成本低、易管理等优点，近年来在一些偏远地区发展较快。

相关知识

塑料小拱棚的性能

1. 温度 塑料小拱棚的空间比较小,蓄热量少,晴天增温比较快,一般增温能力可达 15~20℃,高温期容易发生高温危害。但保温能力比较差,在不覆盖草苫情况下,保温能力一般只有 1~3℃,加盖草苫后可提高到 4~8℃。

2. 光照 塑料小拱棚的棚体低矮,跨度小,棚内光照分布相对比较均匀,差距不大。据测定,东西延长小拱棚内,南北方向地面光照量的差异幅度一般只有 7% 左右。

3. 湿度 小拱棚内的空气湿度日变化幅度比较大,一般白天的相对湿度为 40%~60%,夜间 90% 以上。另外,小拱棚中部的温度比两侧的高,地面水分蒸发快,容易干旱,而蒸发的水汽在棚膜上聚集后沿着棚膜流向两侧,常常造成两侧的地面湿度过高,导致地面湿度分布不均匀。

练习与作业

1. 认真观察小拱棚的各部分结构,并绘制结构图。
2. 调查当地小拱棚的主要类型以及生产应用情况。

模块五 塑料大棚

任务 1 认识塑料大棚的结构

【**教学目标**】掌握塑料大棚的结构特点。
【**教学材料**】常用塑料大棚。
【**教学方法**】在教师指导下,让学生了解并掌握主要塑料大棚的结构特点。

塑料大棚是指棚体顶高 1.8m 以上、跨度 6m 以上的大型塑料拱棚的总称。
塑料大棚主要由立柱、拱架、拉杆、棚膜和压杆 5 部分组成(图 2-11)。

1. 立柱 立柱的主要作用是稳固拱架。立柱材料主要有水泥预制柱、竹竿、钢架等。
竹拱结构塑料大棚中的立柱数量比较多,一般立柱间距 2~3m,密度比较大,地面光照分布不均匀,也妨碍棚内作业。钢架结构塑料大拱棚内的立柱数量比较少,一般只有边柱甚至无立柱。

2. 拱架 拱架的主要作用是大棚的棚面造型以及支撑棚膜。拱架的主要材料有竹竿、钢梁、钢管、硬质塑料管等。

3. 拉杆 拉杆的主要作用是纵向将每一排立柱连成一体,与拱架一起将整个大棚的立柱纵横连在一起,使整个大棚形成一个稳固的整体。拉杆通常固定在立柱的上部,距离顶端 20~30cm 处,或固定在立柱的顶部;

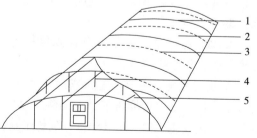

图 2-11 塑料大拱棚的基本结构
1. 压杆 2. 棚膜 3. 拱架 4. 立柱 5. 拉杆

钢架结构大棚的拉杆一般直接固定在拱架上。拉杆的主要材料有竹竿、钢梁、钢管、角铁等。

4. 塑料薄膜　塑料薄膜的主要作用，一是低温期使大棚内增温和保持大棚内的温度；二是雨季防雨水进入大棚内，进行防雨栽培。生产上多选用 PE 三层共挤膜或 EVA 棚膜。

5. 压杆　压杆的主要作用是固定棚膜，使棚膜绷紧。压杆的主要材料有竹竿、大棚专用压膜线、粗铁丝以及尼龙绳等。

任务 2　认识塑料大棚的类型

【教学目标】掌握塑料大棚的主要类型及特点。
【教学材料】常用塑料大棚。
【教学方法】在教师指导下，让学生了解并掌握主要塑料大棚的类型及特点。

塑料大棚的类型比较多，分类方法也比较多。概括起来，目前生产上应用较多的塑料大棚类型主要有以下几种：

1. 竹拱结构大棚　该类大棚用横截面（8~12）cm×（8~12）cm 的水泥预制柱作立柱，用径粗 5cm 以上的粗竹竿作拱架，建造成本比较低，是目前农村中应用最普遍的一类塑料大棚。

该类大棚的主要缺点：一是竹竿拱架的使用寿命短，需要定期更换拱架；二是棚内的立柱数量比较多，地面光照不良，也不利于棚内的整地作畦和机械化管理（图 2-12）。

2. 钢拱结构大棚　该类大棚主要使用 $\phi 8 \sim 16mm$ 的圆钢以及 1.27cm 或 2.54cm 的钢管等加工成双弦拱圆形钢梁拱架（图 2-13）。

为节省钢材，一般钢梁的上弦用规格稍大的圆钢或钢管，下弦用规格小一些的圆钢或钢管。上、下弦之间距离 20~30cm，中间用 $\phi 8 \sim 10mm$ 的圆钢连接。钢梁多加工成平面梁，钢材规格偏小或大棚跨度比较大，单拱负荷较重时，应加工成三角形梁。

钢梁拱架间距一般 1~1.5m，架间用 $\phi 10 \sim 14mm$ 的圆钢相互连接。

图 2-12　竹拱塑料大棚

图 2-13　钢架塑料大棚

钢拱结构大棚的结构比较牢固，使用寿命长，并且棚内无立柱或少立柱，环境优良，也便于在棚架上安装自动化管理设备，是现代塑料大拱棚的发展方向。该类大棚的主要缺点是建造成本比较高，设计和建造要求也比较严格，另外，钢架本身对塑料薄膜也容易造成损坏，缩短薄膜的使用寿命。

3. 管材组装结构大棚 该类大棚采用一定规格［$\phi(25\sim32)$ mm×$(1.2\sim1.5)$ mm］的薄壁热镀锌钢管，并用相应的配件，按照组装说明进行连接或固定而成（图2-14）。

图2-14 管材组装结构塑料大棚

管材组装结构大棚的棚架由工厂生产，结构设计比较合理，规格多种，易于选择，也易于搬运和安装，是未来大棚的发展主流。

4. 玻璃纤维增强水泥骨架结构大棚 也称GRC大棚。该大棚的拱杆由钢筋、玻璃纤维、增强水泥、石子等材料预制而成。一般先按同一模具预制成多个拱架构件，每一构件为完整拱架长度的一半，构件的上端留有2个固定孔。安装时，两根预制的构件下端埋入地里，上端对齐、对正后，用两块带孔厚铁板从两侧夹住接头，将4枚螺丝穿过固定孔固定紧后，构成一完整的拱架（图2-15）。

图2-15 玻璃纤维增强水泥骨架结构大棚

拱架间纵向用粗铁丝、钢筋、角钢或钢管等连成一体。

5. 混合拱架结构大棚 大棚的拱架一般以钢架为主，钢架间距2～3m，在钢梁上纵向固定$\phi6\sim8$mm的圆钢。钢架间采取悬梁吊柱结构或无立柱结构形式，安放1～2根粗竹竿为副拱架，通常建成无立柱或少立柱式结构（图2-16）。

混合拱架结构大棚为竹拱结构大棚和钢拱结构大棚的中间类型，栽培环境优于前者但不及后者。由于该类大棚的建造费用相对较低，抵抗自然灾害的能力增强，以及栽培环境改善比较明显等原因，较受广大菜农的欢迎。

6. 连栋大棚 该类大棚有2个或2个以上拱圆形或屋脊形的棚顶（图2-17）。连栋大棚的主要优点：大棚的跨度范围比较大，根据地块大小，从十几米到上百米不等，占地面积大，土地利用率比较高；棚内空间比较宽大，蓄热量大，低温期的保温性能好；适合进行机械化、自动化以及工厂化生产管理，符合现代农业发展的要求。

连栋大棚的主要缺点：对棚体建造材料的要求比较高，对棚体设计和施工的要求也比较严格，建造成本高；棚顶的排水和排雪性能比较差，高温期自然通风降温效果不佳，容易发生高温危害。

7. 双拱大棚 大棚有内、外两层拱架，棚架多为钢架结构或管材结构（图2-18）。

双拱大棚低温期一般覆盖双层薄膜保温，或在内层拱架上覆盖无纺布、保温被等保温，可较单层大棚提高夜温2～4℃。高温期则在外层拱架上覆盖遮阳网遮阳降温，在内层拱架上覆盖薄膜遮雨，进行降温防雨栽培。

双拱大棚在我国南方应用的比较多，主要用来代替温室于冬季或早春进行蔬菜、果树、花卉栽培。

8. 双层膜充气式塑料大棚 大棚采用双层薄膜覆盖，膜间距30～50mm。膜间用鼓风机不停地鼓入空气，形成动态空气隔热层（图2-19）。

图2-16 混合拱架结构塑料大棚
1. 钢拱架 2. 拉杆（钢丝） 3. 竹竿

图2-17 连栋塑料大棚

图2-18 双拱塑料大棚

图 2-19 双层膜充气式结构大棚

与单层膜塑料大棚相比较,双层膜充气式塑料大棚的保温效果较好,可提高温度 40% 以上,并可进一步减少水分凝滴。但双层膜充气式大棚由于需要不间断充气,不仅需要电力支持,使用范围受到电力限制,而且维持费用也较高。另外,该大棚的充气管理要求也比较高,技术性强,难以被农民所掌握,蔬菜生产上较少使用,多应用于园林植物栽培。

任务3　了解塑料大棚的生产应用

【教学目标】掌握塑料大棚的主要生产应用。
【教学材料】常用塑料大棚。
【教学方法】在教师指导下,让学生了解并掌握塑料大棚的主要生产应用。

塑料大棚原是蔬菜生产的专用设备,主要用于喜温蔬菜的早春栽培和秋季延迟栽培,用于叶菜类越冬栽培等。近年来,南方地区广泛利用大棚进行蔬菜育苗、种植食用菌等。

随着生产的发展,大棚的应用越加广泛。除了蔬菜生产外,目前,塑料大棚还广泛应用于花卉的盆花及切花栽培以及果树的葡萄、草莓、桃及柑橘早熟栽培等;林业生产上还用于林木育苗、观赏树木的培养等。大棚的应用范围尚在开发,尤其在高寒地区、沙荒及干旱地区为抗御低温干旱及风沙危害起着重大作用。

塑料大棚的类型结构不同,建造和生产成本也差异较大,在生产条件比较好,生产效益比较高的地区,适宜建造结构和性能优良的钢架、管材大棚、建栋大棚等,以提高生产效果;而在生产条件比较差,生产效益也不高的地区,应选择结构简易、成本低的大棚。

■ 相关知识

塑料大棚的性能

1. 增、保温性　塑料大棚的空间比较大,蓄热能力强,故增温能力不强,一般低温期的最大增温能力(一日中大棚内、外的最高温度差值)只有15℃左右,一般天气下为10℃左右,高温期达20℃左右。

塑料大棚的棚体宽大,不适合从外部覆盖草苫保温,故其保温能力较差,一般单栋大棚的保温能力（一日中大棚内、外的最低温度差值）为3℃左右，连栋大棚的保温能力稍强于单栋大棚（表2-4）。

表2-4 单栋大棚与连栋大棚的保温能力比较*

大棚类型	气温（℃）		地温（℃）			
	前期	后期	前期		后期	
			5cm土层	10cm土层	5cm土层	10cm土层
连栋大棚	3.8	9.4	5.1	3.2	8.1	9.2
单栋大棚	2.8	8.8	1.8	2.0	6.2	8.9
温度差	+1.0	+0.6	+3.3	+1.2	+1.9	+0.3

* 1974年观测于吉林省长春市蔬菜所和福利大队。

2. 采光性 塑料大棚的棚架材料粗大，遮光多，采光能力不如中小拱棚的强。根据大棚类型以及棚架材料种类不同，采光率一般从50.0%～72.0%不等（表2-5）。

表2-5 各类塑料大拱棚的采光性能比较

大棚类型	透光量（万lx）	与对照的差值	透光率（%）	与对照的差值
单栋竹拱结构大棚	6.65	−3.99	62.5	−37.5
单栋钢拱结构大棚	7.67	−2.97	72.0	−28.0
单栋硬质塑料结构大棚	7.65	−2.99	71.9	−28.1
连栋钢材结构大棚	5.99	−4.65	56.3	−43.7
对照（露地）	10.64		100.0	

双拱塑料大棚由于多覆盖了一层薄膜，其采光能力更差，一般仅是单拱大棚的50%左右。

大棚方位对大棚的采光量也有影响。一般东西延长大棚的采光量较南北延长大棚稍高一些（表2-6）。

表2-6 不同方位大棚内的采光量比较（%）

大棚方位	观测时间					
	清明	谷雨	立夏	小满	芒种	夏至
东西延长	53.14	49.81	60.17	61.37	60.50	48.86
南北延长	49.94	46.64	52.48	59.34	59.33	43.76
比较值	+3.20	+3.17	+7.69	+2.03	+1.17	+5.1

注：摘自《天津农业科学》，1978（1）。

练习与作业

1. 认真观察塑料大拱棚的各部分结构，并绘制结构图。
2. 调查当地塑料大拱棚的主要类型以及生产应用情况。

模块六 温 室

任务1 认识温室的结构

【教学目标】掌握温室的结构特点。

【教学材料】常用温室。

【教学方法】在教师指导下，让学生了解并掌握温室的结构特点。

温室一般是指具有屋面和墙体结构，增、保温性能优良，适于严寒条件下进行园艺植物生产的大型保护栽培设施的总称。

温室主要由墙体、后屋面、前屋面、立柱、加温设备以及保温覆盖物等几部分构成（图2-20）。

1. 墙体 分为后墙和东、西两侧墙，主要由土、草泥以及砖石等建成，一些玻璃温室以及硬质塑料板材温室为玻璃墙或塑料板墙。

泥、土墙通常做成上窄下宽的"梯形墙"，一般基部宽1.2～2m，顶宽1～1.2m。

砖石墙一般建成"夹心墙"或"空心墙"，宽度0.8m左右，内填充蛭石、珍珠岩、炉渣等保温材料。

后墙高度1.5～3m。侧墙前高1m左右，后高同后墙，脊高2.5～4.0m。

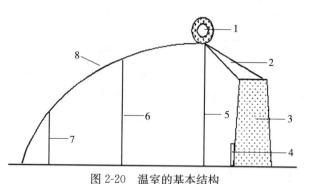

图2-20 温室的基本结构
1. 保温覆盖 2. 后屋面 3. 后墙 4. 加温设备
5. 后立柱 6. 中立柱 7. 前立柱 8. 前屋面

墙体主要作用，一是保温防寒；二是承重，主要承担后屋面的重量；三是在墙顶放置草苫和其他物品；四是在墙顶安装一些设备，如草苫卷放机。

2. 后屋面 普通温室的后屋面主要由粗木、秸秆、草泥以及防潮薄膜等组成。秸秆为主要的保温材料，一般厚20～40cm。砖石结构温室的后屋面多由钢筋水泥预制柱（或钢架）、泡沫板、水泥板和保温材料等构成。

后屋面的主要作用是保温以及放置草苫等。

3. 前屋面 由屋架和透明覆盖材料组成。

前屋架分为半拱圆形和斜面形两种基本形状，竹竿、钢管及硬质塑料管、圆钢等易于弯拱的建材，多加工成半拱圆形屋架，角钢、槽钢等则多加工成斜面形屋架。

透明覆盖物主要有塑料薄膜、玻璃和硬质塑料板材等，主要作用是白天使温室增温，夜间起保温作用。

4. 立柱 普通温室内一般有3～4排立柱。按立柱所在温室中的位置，分别称为后柱、中柱和前柱。后柱的主要作用是支持后屋面，中柱和前柱主要支持和固定拱架。

立柱主要为水泥预制柱，横截面规格为（10～15）cm×（10～15）cm。高档温室多使用粗钢管作立柱。立柱一般埋深40～50cm。后排立柱距离后墙0.8～1.5m，向北倾斜5°左右埋入地里，其他立柱则多垂直埋入地里。

钢架结构温室以及管材结构温室内一般不设立柱。

5. 保温覆盖物 主要作用是在低温期减少温室内的热量散失，保持温室内的温度。温室保温覆盖物主要有草苫、纸被、无纺布以及保温被等。

6. 加温设备 主要有火道、暖水、电炉、地中热加温设备等。冬季不甚寒冷地区，一一般不设加温设备或仅设简单的加温设备。

任务2 认识温室的主要类型

【教学目标】掌握温室的主要类型。
【教学材料】常用温室。
【教学方法】在教师指导下，让学生了解并掌握温室的主要类型。

温室的种类比较多，生产中常用温室主要有以下几种：

1. 节能型日光温室 又称为冬暖型日光温室。温室前屋面的采光角度大，白天增温较快。温室的墙体较厚，所用覆盖材料的增、保温性能好，并且温室内空间较大，容热量大等，故自身的保温能力比较强，一般可达15～20℃，在冬季最低温度−15℃以上或短时间−20℃左右的地区，可于冬季不加温下，生产出喜温的蔬菜、水果、花卉。

2. 普通型日光温室 也称春秋型日光温室、冷棚等。温室的前屋面较平，采光角度比较小，采光能力差，增温性不佳。温室的墙体比较薄，没有后屋顶或后屋顶较窄，温室低矮，空间小，容热量小，加上所用覆盖材料的规格较小等原因，自身的保温能力较弱，一般只有10℃左右，在冬季严寒地区，只能于春、秋两季和冬初、冬末生产喜温性蔬菜、果树、花卉。

3. 竹拱结构温室 该类温室用横截面（10～15）cm×（10～15）cm的水泥预制柱作立柱，用径粗8cm以上的粗竹竿作拱架，建造成本比较低，也容易施工建造。该类温室的主要缺点是：竹竿拱架的使用寿命较短，需要定期更换拱架；棚内的立柱数量比较多，地面光照不良，也不利于棚内的整地作畦和机械化管理。目前在广大农村普遍采用此类结构，为了减少立柱的数量，大多采用琴弦式结构或主副拱架结构形式（图2-21）。

图2-21 琴弦式结构温室

4. 玻璃纤维增强水泥结构 即GRC结构温室。该温室的拱架由钢筋、玻璃纤维、增强水泥、石子等材料预制而成，属于组合结构骨架温室（图2-22）。

5. 钢骨架结构温室 该类温室所用钢材一般分为普通钢材、镀锌钢材和铝合金轻型钢材3种，我国目前以前两种为主。单栋日光温室多用镀锌钢管和圆钢加工成双弦拱形平面梁，用塑料薄膜作透明覆盖物。双屋面温室和连栋温室一般选用型钢（如角钢、工字钢、槽钢、丁字钢等）、钢管和钢筋等加工成骨架，用硬质塑料板作透明覆盖物（图2-23）。

钢架结构温室结构比较牢固，使用寿命长，并且温室内无立柱或少立柱，环境优良，也便于在骨架上安装自动化管理设备，是现代温室的发展方向。

6. 光伏日光温室 大棚都是钢架结构，棚顶由钢化玻璃和按一定规则排列的太阳能光伏发电板组成。棚内有光伏汇流盒，用来储存太阳能光伏发电板产生的电，再由电缆传递到棚端的并网逆变器，电流在并网逆变器内由直流转换为交流，然后升压，并入国家电网。太阳能电池组件有非常高的透光率，大棚装太阳能电池板时可根据蔬菜种植的不同区域设计成透光率97％或75％等多种样式，在发电的同时，也能满足植物光合作用对太阳光的需求，还可与LED系统相搭配，夜晚LED系统可利用白天发的电给植物提供照明，延长蔬菜照射时间，缩短生产周期，保证蔬菜稳定生产（图2-24）。

图2-22 玻璃纤维增强水泥结构温室

太阳能光伏温室由钢结构和钢化玻璃建成，结构牢固，可抗击强风、暴雨、冰雹等恶劣气候侵害。

7. 双拱结构温室 温室骨架分为内外两层，外层骨架上覆盖透光棚膜，内层骨架上覆盖防水保温棚膜和保温草苫或保温被，双层骨架之间安装卷苫机和卷膜机。温室保温层由普通温室的2层增加到4层，即：内层棚膜、草苫（保温被）、外层棚膜和外层棚膜与草苫之间静止的空气隔离层，并且创造了草帘缝隙间空气不流动的环境条件（图2-25）。

图2-23 钢骨架结构温室

该温室采用钢架结构，温室高大，前屋面与地面的夹角大，采光性好。草帘受外层棚膜保护，一年四季不潮湿、不拆卸，使用期由普通温室的3年延长到6年以上，降低草帘成本50％以上，使用保温被覆盖时对保温被的防水性要求降低，也降低了生产成本。雨、雪、风对温室产生的压力与草帘对温室

图2-24 光伏温室

产生的压力分摊在内外两层棚架上，大幅度提高了日光温室的抗风雪能力。该温室温室适合在京、津、冀等地区应用。适合种植黄瓜、番茄等果菜类，也可用于矮生果树的种植。

8. 连栋温室 该类温室有2个或2个以上屋顶（图2-26）。

连栋温室的跨度范围比较大，根据地块大小，从十几米到上百米不等，占地面积大，土地利用率比较高；室内空间比较宽大，蓄热量大，低温期的保温性能好；适合进行机械化、自动化以及工厂化生产管理，符合现代农业发展的要求。其主要缺点是对建造材料、结构设计和施工等的要求比较严格，建造成本高；屋顶的排水和排雪性能比较差，高温期自然通风降温效果不佳，容易发生高温危害。

图2-25 双拱结构温室

9. 智能温室 该温室将计算机控制技术、信息管理技术、机电一体化技术等在设施内进行综合运用，可以根据温室作物的要

图2-26 连栋温室

求和特点，对温室内的光照、温度、水、气、肥等诸多因子进行自动调控。智能化温室是未来温室的发展方向。

任务3 了解温室的生产应用

【教学目标】掌握温室的主要生产应用。

【教学材料】常用温室。

【教学方法】在教师指导下，让学生了解并掌握温室的主要生产应用。

1. 加温温室的应用 主要用于冬春季栽培喜温的果菜类、珍贵花卉苗木等。在塑料大棚以及普通日光温室蔬菜生产较发达的地区，也多用加温温室培育大棚和日光温室蔬菜春季早熟栽培用苗。

2. 节能型日光温室的应用 在冬季最低温度−20℃以上的地区，在不加温情况下，可于冬春季生产喜温的果菜类以及珍贵花木、水果等。在冬季最低温度−20℃以下的地区，冬季只能生产耐寒的绿叶蔬菜以及多年生蔬菜等。另外，改良型日光温室还多用来培育塑料大棚、小拱棚以及露地蔬菜等的春季早熟栽培用苗。

3. 普通型日光温室的应用 在冬季最低温度-10℃以下的地区，冬季一般只能生产一些耐寒性蔬菜以及栽培一些耐寒性强的花木，以及于春、秋两季对喜温性蔬菜进行春早熟栽培或秋延迟栽培，北方地区也常用该类温室于春季进行葡萄、草莓、桃、大樱桃等水果早熟栽培。另外，普通型日光温室还多用于培育早春露地蔬菜用苗以及种子生产用苗。

4. 连栋温室 连栋温室是近十几年出现并得到迅速发展的一种温室形式。其中大型的连栋塑料温室约占 2/3 以上，其余为玻璃温室。在南方的大型温室以生产花卉为主，北方的则以栽培蔬菜为主，少部分温室用于栽培苗木。

相关知识

温室的主要性能

1. 增温和保温性 温室有完善的保温结构，保温性能比较强。据测定，冬季晴天，寿光式节能型日光温室卷苫前的最低温度一般比室外高 20～25℃，采取多层覆盖保温措施后，保温幅度还要大。连阴天日光温室的保温能力降低，一般仅为 10℃ 左右。普通日光温室白天的升温幅度小，夜间的保温措施也不完善，保温能力相对比较弱，冬季一般为 10℃ 左右。

2. 采光性 温室的跨度小，采光面积和采光面的倾斜角度比较大，加上冬季覆盖透光性能优良的玻璃或专用薄膜，故采光性比较好。特别是改良型日光温室，由于其加大了后屋面的倾斜角度，消除了对后墙的遮阴，使冬季太阳直射光能够照射到整个后墙面上，采光性更为优良。

一般情况下，温室内的光照能够满足蔬菜栽培的需要。

练习与作业

1. 认真观察日光温室的各部分结构，并绘制结构图。
2. 调查当地温室的主要类型以及生产应用情况。

单元小结及能力测试评价

园艺设施主要包括风障畦、阳畦、电热温床、塑料小拱棚、塑料大棚和温室。风障畦、阳畦、电热温床和塑料小拱棚属于简易保护设施，结构简单，建造成本低，生产效益不高；塑料大棚和温室属于大型保护设施，性能好，是主要的保护栽培设施。各类园艺设施的生产性能与应用范围受到了当地的气候、生产条件和市场需求等情况的影响，因此，确定设施类型时应综合进行考虑。

实践与作业

在教师的指导下，让学生了解当地园艺设施结构类型与生产应用情况，运用所学知识对当地园艺生产设施结构与生产应用情况进行科学分析，提高分析问题和解决问题的能力。并完成以下作业：

(1) 调查当地园艺设施生产所用保护设施类型的结构及使用情况。
(2) 对当地主要设施结构的合理性进行分析，并提出改进意见。
(3) 对当地主要园艺设施的应用情况进行分析，并提出合理化建议。

单元自测

一、填空题（40分，每空2分）

1. 风障是由_____、_____、_____3部分组成，风障的主要功能是_____。
2. 阳畦按南北畦框的高度相同与否，分为_____畦和_____畦两种。
3. 小拱棚保护栽培一般可提早定植期或播种期_____d。
4. 塑料大棚的基本结构包括_____、_____、_____、_____和覆盖材料组成。
5. 温室主要由墙体、_____和_____、立柱、加温设备和保温覆盖物等组成。
6. 塑料大棚一般低温期的最大增温能力（一日中大棚内、外的最高温度差值）只有_____℃左右，一般天气下为_____℃左右，高温期达_____℃左右。塑料大棚的保温能力较差，一般单栋大棚的保温能力为_____℃左右。
7. 完整电热温床由_____、_____、_____、床土和覆盖物5部分组成。

二、判断题（24分，每题4分）

1. 风障是竖立在蔬菜栽培畦北侧的一道高1~2.5m的挡风屏障。（   ）
2. 阳畦内各部位因光照量以及受畦外的影响程度不同，温度高低有所差异。（   ）
3. 电热线为一些电阻值较大、发热量适中、耗电少的金属合金线。（   ）
4. 竹拱结构大棚建造成本低，环境容易控制，应大力推广应用。（   ）
5. 温室的泥土墙通常做成"梯形墙"，砖石墙一般建成"夹心墙"或"空心墙"。（   ）
6. 塑料小拱棚是指棚高＜2m、跨度＜3m、棚内有立柱或无立柱的塑料拱棚。（   ）

三、简答题（36分，每题6分）

1. 简述风障畦的主要生产应用。
2. 简述电热温床的生产应用与管理要点。
3. 简述塑料小拱棚的主要性能与生产应用。
4. 简述塑料大棚的主要类型与特点。
5. 简述日光温室的主要类型及特点。
6. 简述日光温室的主要性能与生产应用。

能力评价

在教师的指导下，学生以班级或小组为单位进行风障畦、阳畦、电热温床、塑料小拱棚、塑料大棚和日光温室的结构类型与应用调查实践。实践结束后，学生个人和教师对学生的实践情况进行综合能力评价。结果分别填入表2-7和表2-8。

表 2-7 学生自我评价表

姓名			班级		小组	
生产模块：			时间		地点	
序号	自评任务			分数	得分	备注
1	学习态度			5		
2	资料收集			10		
3	工作计划确定			10		
4	风障畦与阳畦结构类型与应用调查			10		
5	电热温床类型与应用调查			10		
6	小拱棚结构类型与应用调查			15		
7	塑料大棚结构类型与应用调查			20		
8	日光温室结构类型与应用调查			20		
合计得分						
认为完成好的地方						
认为需要改进的地方						
自我评价						

表 2-8 指导教师评价表

指导教师姓名：_____ 评价时间：_____年_____月_____日 课程名称_____

生产模块：

学生姓名： 所在班级：

评价任务	评分标准	分数	得分	备注
目标认知程度	工作目标明确，工作计划具体结合实际，具有可操作性	5		
情感态度	工作态度端正，注意力集中，有工作热情	5		
团队协作	积极与他人合作，共同完成工作模块	5		
资料收集	所采集材料、信息对工作模块的理解、工作计划的制定起重要作用	5		
生产方案的制订	提出方案合理、可操作性、对最终的生产模块起决定作用	10		
方案的实施	操作的规范性、熟练程度	45		
解决生产实际问题	能够解决生产问题	10		
操作安全、保护环境	安全操作，生产过程不污染环境	5		
技术文件的质量	技术报告、生产方案的质量	10		
	合计	100		

信息收集与整理

收集园艺设施最新发展类型及应用情况，并整理成论文在班级中进行交流。

资料链接

1. 中国温室网：http：//www.chinagreenhouse.com
2. 中国园艺网：http：//www.agri-garden.com
3. 中国农资网（农膜网）：http：//www.ampcn.com/nongmo
4. 中国农地膜网：http：//www.nongdimo.cn

单元三 园艺设施的建造

■■■ 引 例

  土楼村结合农村产业结构调整，自行突击建造了一批日光温室、塑料大棚，还配套了一定规模的塑料小拱棚和风障畦。可一年后发现了不少问题，如日光温室的后屋顶太窄导致保温效果差，施工质量不高导致雨季部分土墙倒塌等；塑料大棚因棚向不合理导致棚内的光照和温度差异过大，立柱埋得不牢固导致部分大棚在大风中变形等；小拱棚的放风口设置不合理导致放风效果差等问题……使土楼村的生产效益不仅没上去，反而由于产品质量差、产量低等原因导致亏本，群众情绪低落，对村干部怨声载道，而村干部也很委屈。经过咨询专家，才明白原来当初建造温室、大棚的场地没有选好，也没有根据当地的气候特点来设计温室的结构，没有根据种植内容来设计塑料大棚的方向……后来，在专家的指导下，土楼村对温室、塑料大棚等的结构重新进行了调整，生产效益明显好转，几年后成为当地有名的设施蔬菜、花卉种植基地。土楼村的设施园艺生产发展经历说明，园艺设施的设计不仅需要考虑当地的自然气候条件，还需要考虑种植的内容、地理地形、生产条件等；园艺设施的施工也必须按照操作规程进行。

  本单元主要介绍园艺设施建造的场地要求、设施布局方法以及风障畦、电热温床、塑料小拱棚、塑料大棚和日光温室等常用园艺设施的设计原则和施工要点。通过学习，使学生具备正确选择园艺设施建造场地、正确进行园艺设施布局以及对常用园艺设施正确进行设计和规范施工的能力。

模块一 园艺设施建造场地的选择与布局

  园艺设施的形式较多，性能不一，用途各异。有些设施如温室，通常是一次性投资建造，多年进行生产。为使各类设施在生产中能发挥更好的效果，减少不必要的损失，在建造前要进行场地选择，合理布局。

任务1 选择建造场地

  【任务目标】 掌握园艺设施建造场地的条件要求。
  【教学材料】 图片、视频等。

【教学方法】 在教师指导下，让学生了解并掌握园艺设施建造场地的基本条件要求。

场地选择要把握因地制宜的原则，所选场地既要防寒保温利于园艺作物的生长发育，又能充分利用自然资源，还要有利于产品的运输销售（图3-1）。

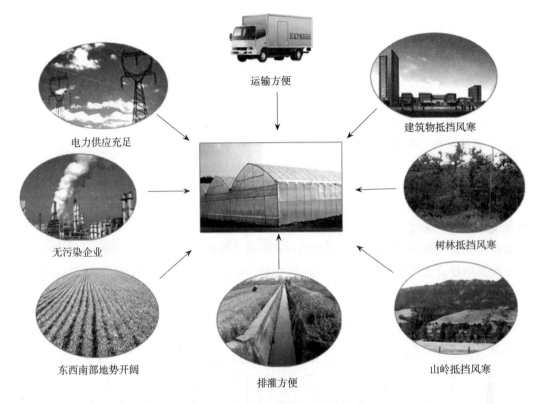

图3-1　园艺设施建造场地条件要求

场地选择的具体要求如下：

1. 选择空旷、地势高燥、四周没有高大的建筑物或树木遮蔽的地方，南向或东南小于10°的缓坡地也较好。这样的场地可以使设施获得充足的光照，又有利于排水，在高温季节气流通畅，还有利于设施通风换气。

2. 选择向阳避风的地带。在有强烈季候风的地区，选择迎风面有屏障物的地段，山区要注意避开山谷风。微风可使空气流通，但大风会影响设施的增温效果，会对设施形成破坏，严重时造成灾害。

3. 选择土质疏松肥沃、土壤酸碱度中性、地下水位低的地块。疏松肥沃的土壤保肥保水能力强、通透性好，地温容易提高，有利于作物的生长发育。地下水位高的地块土壤湿度大，地温不易提高，土壤容易发生盐渍化。

4. 选择水质好、水源丰富，供电充足，交通便利的地方。对于现代化的温室，如自动化卷帘机、喷淋系统、强制通风系统等的应用需要保证用电要求，所以要充分考虑电力总负荷，确保用电的可靠性和安全性。

5. 场地要远离环境污染源，也不能将其建在有污染源的下风向。场地周围的土壤、大气、水源等生态环境质量应符合无公害农产品的要求。

任务2　布局园艺设施

【任务目标】掌握园艺设施的布局要求与方式。
【教学材料】图片、视频等。
【教学方法】在教师指导下，让学生了解并掌握园艺设施的布局要求与方式。

建造的设施数量较少时可因地制宜，按照有利于生产的原则灵活布局。如果建造设施种类与数量较多，形成设施群时，需要对场地内的设施进行合理布局。

1. 设施搭配　几种设施搭配时，一般温室放在最北面，向南依次为塑料大棚、小拱棚、阳畦、风障畦等。育苗专用设施要靠近栽培设施，以方便供苗。

2. 设施的方位　设施方位是指设施屋脊的走向，主要影响设施内的光热环境。选择的原则是保证设施内的采光和通风。设施类型不同、所处的地理位置不同，方位应不同，要因时因地，加以确定。

3. 设施的排列方式　设施群通常采用对称排列和交错排列两种方式（图3-2）。可以依据地块大小确定设施群内设施长度及排列方式。

对称排列设施群的通风较好，高温期有利于通风降温，但低温期的保温效果较差。交错排列设施群内没有通风道，能挡风、保温性能好，低温期有利于保温，但高温期通风降温效果不好。多风地区可采用交错排列，可避免道路变为风口，形成风害。

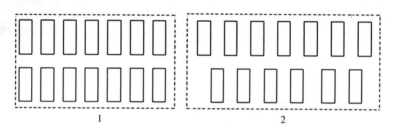

图3-2　大型设施排列方式
1. 对称排列方式　2. 交错排列方式

4. 设施的间距　为提高土地利用率，设施间距的确定原则是在前后排设施不相互遮光和不影响通风的前提下尽量缩小间距。塑料大棚一般前后间距要求为棚高的1.5～2倍，这样在早春和晚秋，前排棚不会挡住后排棚的太阳光线。温室前后间距一般以冬至日前排温室不影响后排温室的采光为标准，一般要求不少于温室脊高加卷起的草苫高度的2倍。

5. 田间道路的设置　设施群内应设有交通运输的通道以及灌溉渠道。交通运输的通道分主干道和支路。可以根据设施群的田间布局，确定田间道路的位置。在合理的交通路线的前提下要最大限度地减少占地。主干道宽6m，允许两辆汽车对开或并行；支路宽3m左右。沿道布置排灌沟渠。

练习与作业

1. 调查当地园艺设施群的布局情况，并对布局的优劣提出个人观点。

2. 在教师的指导下，为当地的园艺设施群进行合理布局规划。

模块二　园艺设施的施工

任务1　风障阳畦的施工

【任务目标】掌握风障阳畦的施工技术要领。
【教学材料】竹竿、秸秆、铁锨及其他相关施工材料。
【教学方法】在教师指导下，让学生参加风障阳畦的施工过程。

风障畦施工基本流程如下：

平整地面 ➡ 画线 ➡ 打畦框 ➡ 立风障 ➡ 支拱架

1. 平整地面　冬前，先将栽培畦北侧外的地面整平，便于统一整齐挖沟。

2. 画线　按设计规划在地面用白灰画出风障畦的施工平面图。

3. 打畦框　一般在秋收后冰冻前进行。首先把耕层表土铲在一边留作育苗用。若土太干，需提前2～3d浇水，使土保持足够湿度。畦框一般取潮土，上一层土，随即踩实或拍紧，达到要求高度后，用铁锨将框面修平。畦框北墙较高时，也可上夹板装土夯实，然后用扎锹按尺寸铲修。

4. 立风障　畦框做成后，在畦框北墙外挖一条沟，沟深25～30cm，挖出的土翻在沟北侧。然后将加固风障的根竹竿或木杆按一定间隔插入沟底10cm以下，并将高粱秸或玉米秆等，与畦面成75°角，立入沟内，然后将土回填到风障基部。在风障北面贴附稻草或草苫，再覆以披土并用锹拍实。最后，在风障离后墙顶1m高处加一道腰栏，把风障和披风夹住捆紧。

5. 支拱架　在畦口上方插竹竿支成拱架，上覆塑料薄膜，夜间加盖草苫。

相关知识

1. 风障的设置

（1）风障畦的布局。风障群的防风保温效果优于单排风障，应集中建造风障畦，成区成排分布。多风地区可在风障区的西面夹设一道风障，增强整个栽培区的防风能力。

（2）风障的间距。适宜的风障间距是防风保温效果好，不对后排栽培畦造成遮光，并且土地利用率也要高。一般冬季栽培，风障间距以风障高度的3倍左右为宜，春季栽培以风障高度的4～6倍为宜。

（3）风障畦的大小。风障畦的长度应适当大一些，一般要求不小于10m。风障畦越长，风障两端的风回流对风障畦的不良影响越小，畦内的温度越高，栽培效果也越好。栽培畦不易过宽，视风障的高度以及所栽培蔬菜的耐寒程度不同，以1～2.5m为宜。栽培畦过宽，受"穿堂风"的影响也比较大。

（4）风障的倾斜角度。冬季栽培用风障畦，风障应向南倾斜75°左右，以减少风害以及垂直方向上的对流散热量，加强风障的保温性能。春季用风障畦，风障应与地面垂直或采用较小的倾斜角，避免遮光。

任务2　电热温床的施工

【**任务目标**】掌握电热温床的施工技术要领。
【**教学材料**】电热线、育苗床以及相关施工材料。
【**教学方法**】在教师指导下，让学生参加电热温床的施工过程。

电热温床施工基本流程如下。

挖床坑 → 铺隔热层 → 铺散热层
连接电源 ← 连接控温仪 ← 铺育苗土 ← 布电热线

1. 挖床坑　整平地面后，做宽1.5～2m、深15～20cm的苗床坑，然后整平床底，长度根据需要定，留出15～20cm宽的畦埂。

2. 铺隔热层　在床底先铺一层塑料薄膜防潮、隔热，上铺准备好的隔热材料（干锯末或稻草、马粪、炉渣等）10～15cm，并踏实。

3. 铺散热层　在隔热层上撒3cm左右的床土或细沙土，整平压实。

4. 布电热线　首先在苗床的两端距床边10cm处按计算好的布线间距插上短木棍。然后从电源的一头开始将电热线贴着地面按顺序绕过苗床两端的木棍（图3-3）布好，在靠近木棍处的线要稍用力向下压，边绕边拉紧，防止线脱出。电热线应拉直，不能交叉、重叠、打结。电热线两端的导线一定要留在外面，不能埋在土里。

最后对两边木棍的位置进行调整，以保证电热线两端的位置适当。布完线后铺2cm床土或细沙土，将电热线压住，并踩实。之后，用脚踩住木棍两侧的地面将木棍轻轻拔出。

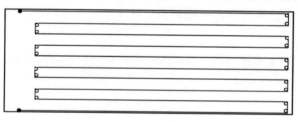

图3-3　电热线布线方法示意图

○：木棍　　——：电热线　　········：普通导线
●：电热线与普通导线连接点　　——：育苗床

电热线数量少、功率不大时，一般采用图3-4中的A、B连接法，将电热线直接连接到控温仪上或电源线上即可。电热线数量较多、功率较大时，应采用C、D连接法，用交流接触器连接电热线。

（1）电热线用量计算。也即电热线根数计算。一般按以下公式计算：

电热线根数＝总功率÷每根电热线的额定功率
总功率＝苗床面积×单位面积苗床功率

一般在华北地区，早春阳畦育苗时，播种床的单位面积苗床功率80～120W/m^2，分苗床为50～100W/m^2；温室内育苗以70～90W/m^{2}为宜；东北地区冬季温室内育苗时以100～130W/m^{2}为宜。

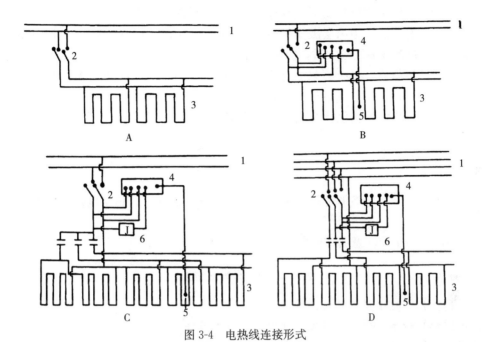

图 3-4 电热线连接形式

A. 单相连接法　B. 单相加控温仪连接法　C. 单相加控温仪加接触器连接法　D. 三相四线连接法（电压 380V）
1. 电源线　2. 开关　3. 电热线　4. 控温仪　5. 感温探头　6. 交流接触器

（2）电热线的布线道数计算。电热线的布线道数＝（电热线的长度－苗床宽）÷苗床长

为使电热线的两端电源线处于苗床的一端，以便接线方便，一般布线道数取偶数。如果计算出的布线道数为奇数，可以多设一行或者少设一行，使线头和线尾都处于苗床的同一端。

（3）布线间距计算。布线间距＝苗床宽÷（电热线的布线道数－1）

在实际铺设时，一般不按照平均距离摆放，而是苗床中间电热线的间距要宽一些，苗床两侧电热线的间距可窄一些，最外侧两道线要紧靠苗床边，这样才能尽量做到苗床内各处的温度均匀。

5. 铺育苗土　根据需要铺相应厚度的育苗土。如果使用育苗容器则可以将育苗容器直接摆放在散热层上。

6. 连接控温仪　按照控温仪的使用说明书进行。当电热线的总功率小于 2 000W（电流为 10A 以下）时，将电热线直接连接到控温仪上即可。当电热线的总功率大于 2 000W（电流为 10A 以上）时，应将电热线连接到交流接触器上，由交流接触器与控温仪相连。连接后，将控温仪的温度探头埋入育苗土内。

7. 连接电源

扩展知识

电 热 线 的 维 护

1. 每根电热线有确定的额定功率，使用时不能随意接长或剪短。

2. 禁止整盘电热线通电试线检测，以免烧坏绝缘层，发生漏电现象。

3. 在使用过程中出现电热线不通电时，应用断线检测仪器检查。

4. 如果发现有断线、绝缘层破损等现象时，应及时用专用材料修补，经漏电检查合格后再继续使用。如果破损处较大时，应更换新线。

5. 一次育苗结束后，要小心取出电热线并绕成圈，尽量不要打折，妥善保存，留做下次育苗使用。不能用铁锹挖、硬拔或强拉。

6. 收回的电热线、控温仪、交流接触器要擦拭干净，放在阴凉干燥处保存，并防虫鼠危害。

练习与作业

1. 在教师的指导下，参加电热温床施工过程。施工结束后，总结电热温床的施工技术要点。

2. 电热温床施工应注意哪些问题？

任务3　小拱棚的施工

【任务目标】掌握小拱棚的施工技术要领。

【教学材料】竹竿、薄膜、铁锹及其他相关施工材料。

【教学方法】在教师指导下，让学生参加小拱棚的施工过程。

电热温床施工基本流程如下。

平整地面 ➡ 做　畦 ➡ 插拱架 ➡ 覆盖薄膜 ➡ 压　膜

1. 平整地面　将地面整平后，按畦间距画线。

2. 做畦　由于小拱棚建好后不方便作畦，生产上一般要求支拱前将畦埂打好，并施足底肥。

3. 插拱架　竹竿、竹片等架杆的粗一端要插在迎风一侧。视风力和架杆的抗风能力大小不同，适宜的架杆间距为0.5～1m。多风地区应采取交叉方式插杆，用普通的平行方式插杆时，要用纵向连杆加固棚体。架杆插入地下深度不少于20cm。

大型小拱棚插拱架前要先在棚中央按2～3m间距插一排支柱。在支柱顶端纵向拉一道粗铁丝或固定一根粗竹竿做横杆，拱架顶端压到横杆，并固定牢固（图3-5）。

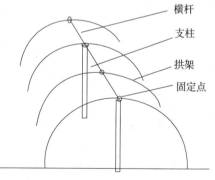

图3-5　小拱棚支柱与横杆

4. 覆盖棚膜　小拱棚主要有扣盖式和合盖式两种覆膜方式（图3-6）。

扣盖式覆膜扣膜严实，保温效果好，也便于覆膜，但需从两侧揭膜放风，通风降温和排湿的效果较差，并且泥土容易污染棚膜，也容易因"扫地风"而伤害蔬菜。

合盖式覆膜的通风管理比较方便，通风口大小易于控制，通风效果较好，不污染棚膜，也无"扫地风"危害蔬菜的危险，应用范围比较广。其主要不足是棚膜合压不严实时，保温

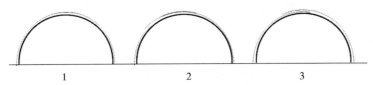

图 3-6 塑料小拱棚的棚膜覆盖方式
1. 扣盖式　2. 侧合式　3. 顶合式

效果较差。依通风口的位置不同，合盖式覆膜又分为顶合式和侧合式两种形式。

顶合式适合于风小地区，侧合式的通风口开于背风的一侧，主要用于多风、风大地区。

5. 压膜　棚膜要压紧露地用塑料小拱棚要用压杆（细竹竿或荆条）压住棚膜，多风地区的压杆数量要适当多一些。

练习与作业

1. 在教师的指导下，参加小拱棚施工过程。施工结束后，总结小拱棚的施工技术要点。
2. 小拱棚施工应注意哪些问题？

任务4　塑料大棚的施工

【任务目标】掌握塑料大拱棚的施工技术要领。

【教学材料】竹竿、立柱、薄膜、压杆、铁锹及其他相关施工材料。

【教学方法】在教师指导下，让学生参加竹竿结构塑料大拱棚的施工过程。

塑料大拱棚施工基本流程如下。

1. 平整地面　春季土壤化冻后或秋季前茬作物收获后，及早平整地面。一般用水平仪或盛水的细长塑料管确定地面标高，并按标高进行平整。

2. 画线　用白灰在地面画出大棚的四边、立柱埋点等。大棚的四角要画成直角。

3. 埋立柱　如果春季使用，立柱应在上年秋天土壤封冻前埋好。

每排立柱先埋两端2根立柱，立柱埋深30～40cm，立柱下要铺填砖石并夯实。土质过于疏松或立柱数量偏少时，应在立柱的下端绑一"柱脚石"，稳固立柱。立柱埋好后，在2立柱的顶端纵向拉一根线绳，绳要拉直、拉紧。然后，以拉绳为标高，从两端向中央依次挖坑埋好各立柱。

立柱要求纵横成排成列，立柱顶端的"V"形槽方向要与拱架的走向一致，同一排立柱的地上高度也要一致。每排立柱的两端立柱要用斜柱支持，防止倒伏（图 3-7、图 3-8）。

注意事项：大棚要选专用立柱。立柱的顶端预留有"V"形槽，槽下 10cm 左右处留有穿铁丝的孔。

4. 固定拉杆　拉杆一般固定到立柱的上端，距离顶端约 30cm 处。也有的大棚将拉杆固定到立柱的顶端。

5. 安装拱架　直立棚边大棚的竹竿粗头朝下，安放到边柱顶端的"V"形槽内，并用粗铁丝绑牢，拱架两端与边柱的外沿齐平（图3-9）。拱架的连接处、铁丝绑接处要用用草绳或薄膜缠好，避免磨损薄膜。

图3-7 立柱施工示意图

图3-8 两端立柱与斜柱示意图

注意事项：竹竿上架前要用砍刀将表面上的枝杈、竹节尖刻等削切掉。竹竿的下端还要预钻一穿铁丝用的孔。连接而成的长竹竿，连接处要用布或塑料薄膜包缠住，并用细绳绑牢。

6. 扣膜　选无风或微风天扣膜。

采用扒缝式通风口的大棚，适宜薄膜幅宽为3～4m。扣膜时从两侧开始，由下向上逐幅扣膜，上幅膜的下边压住下幅膜的上边，上、下两幅薄膜的膜边叠压缝宽不少于20cm。

注意示项：棚膜上膜前，要将几幅购买回的窄膜先粘接成一幅宽膜。粘接方法主要有粘膜机（图3-10）法和胶合剂粘接法两种。胶合剂粘接法要用专用胶。另外，上膜前对棚膜的破损处也要用粘合剂或电熨斗粘补好。

图3-9 竹拱架安装示意图

图3-10 棚膜粘接机

7. 上压杆或压膜线　棚膜拉紧拉平拉正后，四边挖沟埋入地里，同时上压杆（压膜线）压住棚膜。压膜线和粗竹竿多压在两拱架之间，细竹竿则紧靠拱架固定在拱架上。

压膜可以使用8号铁丝或专用压膜线或竹竿，两端固定在地锚或木桩上（图3-11、图3-12）。

8. 装门　在棚的两端各设一个门，一般门高1.5～1.8m，宽0.8～1.0m。

图 3-11 砖做的地锚

图 3-12 大棚扣膜示意图

练习与作业

1. 在教师的指导下，参加塑料大棚施工过程。施工结束后，总结塑料大拱棚的施工技术要点。
2. 塑料大拱棚施工应注意哪些问题？

任务 5　日光温室的施工

【任务目标】掌握塑料大拱棚的施工技术要领。
【教学材料】竹竿、立柱、薄膜、压杆、铁锹及其他相关施工材料。
【教学方法】在教师指导下，让学生参加竹竿结构塑料大拱棚的施工过程。

日光温室施工基本流程如下。

1. 抄平地面　用水平仪测量地面后，按标准高度抄平地面。

2. 画线　按平面设计图，用白灰在抄平的地面上画出温室的四条边及墙体的平面图。温室的四角要画成直角，可用"勾股定理"原理来确定。

3. 墙体施工

（1）泥、土墙施工要点。要于当地的主要雨季过后施工，泥墙还应在后坡施工前至少留有 20d 以上的风干时间，避免后坡施工时压塌泥墙。

土墙要夯实、夯紧，最好用推土机压土成墙。草泥墙要分层打墙，逐层风干、硬实，每次打墙高度不超过 50cm（图 3-13）。

打墙所用泥、土的干湿度要适宜，泥以脚踩不黏脚为宜,土以手握成团,落地松散为适宜。

（2）砖石墙施工要点。墙基要深，一般深度 40cm 以上。内层墙厚 24cm，外层墙厚 12cm，两层墙间的保温层宽 12cm。两层墙间要有"拉手"（钢筋或砖），把两墙连成一体。

墙体砌到要求的高度后，顶部用水泥板封盖住，并用水泥密封严实，防止进水。

4. 埋立柱　按平面设计图要求标出挖坑点。

后排立柱挖坑深不少于 50cm，前、中排立柱挖坑深不少于 40cm。将坑底填入砖石，并

图 3-13 夹板夯土墙与机压土墙

夯实后放入立柱。东西方向上，每排立柱先埋东、西两根。调整高度和位置，确保两立柱在要求的平面上以及顶高在同一水平线上后，拥土固定、埋牢。然后，在两立柱的顶端水平拉一施工线，其余立柱以施工线为标准，逐一埋牢固。

后排立柱应向后倾斜5°~8°埋入地里，其他立柱垂直埋入地里即可。前排立柱埋好后，还应在每根立柱的前面斜埋一根"顶柱"，防止前柱受力后向前倾斜。

立柱要纵横成排、成列。东西方向上各排立柱的地上高度要一致，立柱顶端预留的"V"形槽口方向也要一致。

5. 后屋面施工 普通温室的后屋面主要由粗木、秸秆、草泥以及防潮薄膜等组成。秸秆为主要的保温材料，一般厚20~40cm。砖石结构温室的后屋面多由钢筋水泥预制柱（或钢架）、泡沫板、水泥板和保温材料等构成（图3-14）。

6. 前屋面施工

（1）安装拱架。竹拱架结构温室的竹竿粗头朝上，上端固定到后屋面的横梁上，下端依次固定到南北向立柱顶端的"V"形槽内，并用粗铁丝绑牢固。

图 3-14 普通温室后屋面施工

用钢管作拱架时，应将钢管依次焊接到后屋顶和南北立柱顶端的焊接点上。

琴弦式结构温室的屋架在固定好粗竹竿或钢管后，按25cm左右间距在粗竹竿或钢管上东西向拉专用钢丝。钢丝的两端固定到温室外预埋的地锚上。钢丝与竹竿或钢管交叉处用细铁丝固定紧，避免钢丝上、下滑动。最后，在铁丝上按60cm间距固定加工好的细竹竿。

（2）扣膜。选无风或微风天扣膜。采用扒缝式通风口类温室，主要有二膜法和三膜法两种扣膜方法（图3-15）。双膜法扣膜后只留有上部通风口，下部通风口一般采取揭膜法代替。三膜法扣膜后，留有上、下两个通风口，下部通风口的位置比较高，可避免"扫地风"的危害。扣膜时，上幅膜的下边压住下幅膜的上边，压幅宽不少于20cm。扣膜后，随即上压膜线或竹竿压住薄膜。

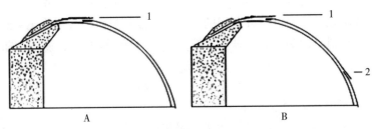

图 3-15　温室薄膜扣盖方法示意图
A. 二膜法　B. 三膜法
1. 上部通风口　2. 下部通风口

注意事项：不管采取何种扣膜法，叠压处上、下两幅薄膜的膜边均应粘成裙筒。下幅膜的裙筒内穿粗铁丝或钢丝，并用细铁丝固定到前屋面的拱架或钢丝上，防止膜边下滑。上幅膜的裙筒内要穿钢丝，利用钢丝的弹性，拉直膜边，使通风口关闭时合盖严实。

单元小结及能力测试评价

为了使园艺设施发挥最好的效果，建造要选择在地势高燥、避风向阳、南面空旷、地下水位低、土质好、水电充足、交通便利的地方，而且多种设施要按原则进行合理布局。设施的种类很多，结构各异，建造使用的材料、施工要点也不尽相同，在建造的过程中，要严格按照设计的技术参数、步骤进行施工，才能保证设施的质量。

实践与作业

1. 在教师的指导下，让学生参加塑料小拱棚的施工建造。施工后，总结小拱棚的施工过程和关键技术。

2. 在教师的指导下，让学生参加当地塑料大棚、日光温室施工建造。工作结束后，总结塑料大棚和日光温室的建造技术要领，写出操作流程和注意事项。

单元自测

一、填空题（40 分，每空 2 分）

1. 园艺设施建造应选择空旷、地势高燥、四周没有高大的建筑物或树木遮蔽的地方。这样的场地可以使设施获得_____，又有利于_____，在高温季节气流通畅，还有利于设施_____。

2. 多风的地区，设施群通常采用_____的排列方式，以避免道路变为风道。

3. 一般冬季栽培的风障间距以风障高度的_____倍左右为宜，春季栽培以_____倍为宜。

4. 小拱棚棚膜主要有_____和_____两种覆膜方式。

5. 塑料大棚内的立柱要求_____成排成列，立柱顶端的"V"形槽方向要与拱架的走向_____，同一排立柱的地上高度也要_____。每排立柱的两端立柱要用_____支持，防止倒伏。

6. 采用扒缝式通风口类温室，主要有_____和_____两种扣膜方法。扣膜时，上幅膜的下边压住下幅膜的上边，压幅宽不少于_____cm。

7. 琴弦式结构温室的前屋架，按_____cm 左右间距在粗竹竿或钢管上_____向拉专用钢丝。钢丝的两端固定到温室外预埋的地锚上。钢丝与竹竿或钢管交叉处用细铁丝固定紧，避免钢丝上、下滑动。最后，在铁丝上按_____cm 间距固定加工好的细竹竿。

8. 温室泥、土墙要于当地主要_____过后施工，泥墙还应在后坡施工前至少留有_____d 以上的风干时间，避免后坡施工时压塌泥墙。

二、判断正误（30分，每题5分）

1. 地下水位高的地块土壤湿度大，地温不易提高，土壤容易发生盐渍化。（　　）
2. 风障畦的长度应适当大一些，一般要求不小于10m。风障畦越长，风障两端的风回流对风障畦的不良影响越小，畦内的温度越高，栽培效果也越好。（　　）
3. 每根电热线有确定的额定功率，使用时不能随意接长或剪短。（　　）
4. 春季使用的塑料大棚立柱应在上年秋天土壤封冻前埋好。（　　）
5. 小拱棚在多风地区应采取平行方式插杆。（　　）
6. 砖石墙的两层墙间要有"拉手"（钢筋或砖），把两墙连成一体。（　　）

三、简答题（30分，每题6分）

1. 图 3-16 中的温室与大棚设置是否合理？为什么？
2. 简述风障施工技术要点。
3. 简述电热温床布线技术要点。
4. 简述塑料大棚覆膜技术要点。
5. 简述普通日光温室前屋面施工技术要点。

图 3-16　温室大棚配置图

能力评价

在教师的指导下，学生以班级或小组为单位进行风障畦、小拱棚、电热温床、塑料大棚和日光温室主要设施建造实践。实践结束后，学生个人和教师对学生的实践情况进行综合能力评价。结果分别填入表 3-1 和表 3-2。

表 3-1　学生自我评价表

姓名		班级		小组		
生产模块		时间		地点		
序号	自评任务		分数		得分	备注
1	学习态度		5			
2	资料收集		10			
3	工作计划确定		10			
4	设施园艺建造场地选择		10			
5	风障畦建造实践		10			
6	小拱棚建造实践		15			

(续)

7	电热温床建造实践	10	
8	塑料大棚建造实践	15	
9	日光温室建造实践	15	
合计得分			
认为完成好的地方			
认为需要改进的地方			
自我评价			

表3-2 指导教师评价表

指导教师姓名：_____ 评价时间：_____年_____月_____日 课程名称_____

生产模块：

学生姓名：　　　所在班级：

评价任务	评分标准	分数	得分	备注
目标认知程度	工作目标明确，工作计划具体结合实际，具有可操作性	5		
情感态度	工作态度端正，注意力集中，有工作热情	5		
团队协作	积极与他人合作，共同完成工作模块	5		
资料收集	所采集材料、信息对工作模块的理解、工作计划的制定起重要作用	5		
生产方案的制订	提出方案合理、可操作性、对最终的生产模块起决定作用	10		
方案的实施	操作的规范性、熟练程度	45		
解决生产实际问题	能够解决生产问题	10		
操作安全、保护环境	安全操作，生产过程不污染环境	5		
技术文件的质量	技术报告、生产方案的质量	10		
合计		100		

信息收集与整理

1. 利用假期实地考查园艺设施覆盖材料、电热温床、塑料大棚的建造和使用情况，写出调查报告在班级中进行交流讨论。
2. 收集园艺覆盖材料最新发展类型及应用情况，并整理成论文进行交流。

信息链接

1. 中国温室网：http：//www.chinagreenhouse.com
2. 中国园艺网：http：//www.agri-garden.com
3. 中国农资网（农膜网）：http：//www.ampcn.com/nongmo

单元四　园艺设施的管理

引　例

与露地相比较，设施环境的日变化和季节变化均差异显著，如温室内在不控制的情况下，白天最高温度可达50℃以上，夜间空气湿度可达100%，另外，设施内的有害气体浓度也显著高于露地等，病虫害发生也较露地严重，均不利于植物生长，严重时可造成植物死亡、绝产。现实生产中，由于环境控制不当而造成减产甚至绝产的现象各地均有发生。因此，对设施环境进行科学管理是确保园艺植物正常生产的关键因素之一。另外，近年来随着设施园艺生产的快速发展，配套的设施机械也越来越多，极大地提高了设施环境的管理效果，促进了生产的发展。

本单元主要了解并掌握设施光照、温度、湿度、土壤、气体等的主要控制措施与管理技术；微型耕耘机、自行走式喷灌机、设施卷帘机、湿帘风机降温系统、滴灌系统微耕机等现代设施机械在设施环境控制中的应用与维护技术；设施病虫害的农业防治、生物防治、物理防治和化学防治技术。

模块一　设施环境管理

任务1　光照管理

【任务目标】 掌握园艺设施光照管理技术与措施。
【教学材料】 温室、塑料大棚等园艺设施以及光照管理用材料和用具。
【教学方法】 在教师指导下，让学生了解并掌握主要园艺设施的增光和遮阳技术要点。

园艺设施内的光照环境不同于露地，由于是人工建造的保护设施，其设施内的光照条件受建筑方位、设施结构、透光屋面大小、形状、覆盖材料特性、清洁程度等多因素的影响。低温期光照管理内容主要是改善光照环境，增加光照，高温期则以遮光降温为主要管理内容。

光照管理的主要措施有：

1. 选用透光率比较高的薄膜，尤其是低温期覆盖，选用寿命长、透光性好的薄膜更为重要。

2. 清除覆盖物表面上的灰尘、积雪等，保持覆盖物表面清洁。清除覆盖物表面上的灰尘目前主要采用布条掸扫（棚面按一定间隔横向固定宽布条，依靠布条被风吹动后的不停摆动来掸扫灰尘（图4-1）、人工水冲洗等方法。棚面去雪目前主要依靠人工刮雪（图4-2）。

图4-1 用布条掸扫棚膜表面上的灰尘

图4-2 人工棚面去雪

3. 选用质量优良的无滴膜，减少水珠吸光和反光。普通棚膜内面出现水珠后，要及时消除，可采取从外面敲动棚膜法、棚面内面喷洒稀牛奶或奶粉等措施。

4. 设施内铺盖反光地膜、墙面张挂反光薄膜、将温室的内墙面及立柱表面涂成白色等，增加反射光量，一般可使北部光照增加50%左右。

5. 对高架蔬菜、果树、花卉等实行宽窄行种植，及时整枝抹杈，摘除老叶，并用透明绳架吊拉蔬菜茎蔓等，减少遮光。

6. 连阴天以及冬季温室采光时间不足时，一般于上午卷苫前和下午放苫后各补光2~3h，使每天的自然光照和人工补光时间之和保持在12h左右。

人工补光一般用白炽灯、日光灯、碘钨灯、高压气体放电灯（包括钠灯、水银灯、氙灯、金属卤化物灯、生物效应灯）等（图4-3）。

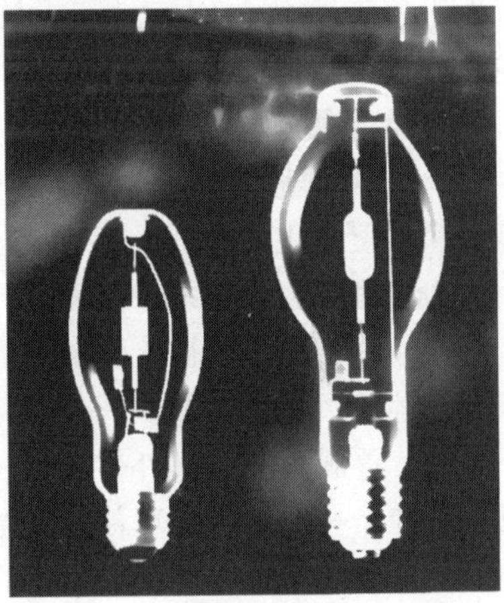

图4-3 陶瓷金属卤化物灯

7. 高温强光照季节要用遮阳网、阴障、苇帘、草苫等遮阴。也可采用薄膜表面涂白法，将薄膜表面喷涂白灰水或泥浆等措施进行遮阴，一般薄膜表面涂白面积30%~50%时，可减弱光照20%~30%。

练习与作业

1. 在教师的指导下，参加园艺设施的光照管理，并对主要技术环节进行总结。
2. 调查当地园艺设施光照管理的主要措施，并进行效果分析。

任务2 温度管理

【任务目标】掌握园艺设施的温度管理要点。

【教学材料】 温室、塑料大棚等温度管理用材料和设备。

【教学方法】 在教师指导下，让学生了解并掌握主要园艺设施的增温和降温主要措施。

温度管理是园艺设施的重要管理内容之一。温度管理的主要内容包括：设施的增温、保温和降温。温度管理的主要目的是为园艺植物创造一个适宜的温度环境。

1. 人工增温 低温期通常需要进行人工增温，保证温度需要。主要方法包括火炉加温、暖水加温、热风炉加温、火盆加温、电加温等。

2. 地中热应用 地中热应用结构系统由风机、地下热交换管道、出口、贮气槽、地下隔热层和自动控制装置6部分组成（图4-4）。地中热交换管道沿温室长向（即东西方向）铺设。贮气槽设于温室中央，贮气槽两侧接近底部均匀开孔与地中热交换管道相通，贮气槽上部开口盖以木板，中间开孔放置风机。

白天，利用风机把设施内升温的热空气吸进，送入地下管道，热空气通过地下管道时，地下管道及四周土壤受热升温，起到空气热量贮存的作用。夜间土壤放热，将管道中的空气加热，风机将地下管道中的热空气送到设施内，使设施气温升高。

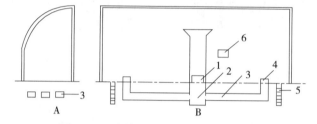

图4-4 地中热交换增温系统结构示意图
A. 设施横断面图　B. 设施纵断面图
1. 风机　2. 贮气槽　3. 地中热交换管道　4. 出风口
5. 地下隔热层　6. 自动控制装置

3. 多层覆盖 多层覆盖材料主要有塑料薄膜、草苫、无纺布等。多层覆盖主要包括：

（1）棚膜。为基本保温覆盖。

（2）草苫或保温被。属基本的保温覆盖之一。一般覆盖单层草苫，多层覆盖时揭盖不方便，棚体的负荷也增加。

（3）浮膜。在棚膜外另加的一层活动薄膜。一般盖在草苫（无纺布）上，具有防水、防风等功能，一般可提高草苫的保温效果1倍以上。

（4）保温幕。在棚膜下覆盖的一层薄膜或无纺布等，白天拉开，夜间展开保温。

（5）小拱棚。在大型设施内扣盖小拱棚保温。

（6）地膜。属于基本保温覆盖之一，主要作用是提高和保持土壤温度。

上述多层覆盖方式，一般采取数种配合使用，提高综合保温效果（图4-5）。

4. 设置风障、挖防寒沟 多于设施的北部和西北部夹设风障，以多风地区夹设风障的保温效果较为明显。在设施的四周挖深50cm左右、宽30cm左

图4-5 "大棚＋小拱棚＋草苫＋地膜"多层覆盖形式

右的防寒沟，内填干草或泡沫塑料等，上用塑料薄膜封盖，可使设施内四周 5cm 地温提高 4℃左右。

5. 通风散热 设施内的温度升高后，需要打开通风口，进行通风降温。大棚通风口的面积一般应不小于大棚表面积的 10%～15%。低温期，一般当设施内中部的温度升到 30℃ 以上后开始放风，放风初期的通风口应小，不要突然开放太大，导致放风前后设施内的温度变化幅度过大，引起蔬菜萎蔫。下午当温度下降到 25℃ 以下时开始关闭通风口，当温度下降到 20℃ 左右时，将通风口全部关闭严实。

6. 遮阴 主要用于强光高温季节，当依靠通风降温达不到降温效果时，需要对设施进行遮阴。遮阴方法主要有覆盖遮阳网、覆盖草苫，以及向棚膜表面喷涂泥水、白灰水等，以遮阳网的综合效果为最好。

相关知识

温 室 效 应

温室效应是指在没有人工加温的条件下，设施内通过获得或积累太阳辐射能，使设施内的温度高于外界的能力。

设施温室效应产生的原因：一是玻璃或塑料薄膜等透明覆盖物可透过短波辐射（320～470nm），又能阻止设施内的长波辐射透射出设施外；二是园艺设施大部分是密闭或半密闭的空间，高级设施还有围护结构和透明覆盖物，能阻止长波辐射，并阻断内外的气体交换或气体交换很弱，使设施内的热量不致散布到外界，而保留在设施内。通常，第一个原因对温室效应的贡献率为 28%，第二个原因为 72%。

练习与作业

1. 在教师的指导下，参加园艺设施的温度管理，并对主要技术环节进行总结。
2. 调查当地园艺设施温度管理的主要措施，并进行效果分析。

任务3 湿度管理

【任务目标】掌握园艺设施土壤和空气湿度管理要点。
【教学材料】温室、塑料大棚等土壤和空气湿度管理用材料与用具。
【教学方法】在教师指导下，让学生了解并掌握主要园艺设施土壤湿度和空气湿度管理要点。

园艺设施属于准封闭系统，白天室内温度高、土壤蒸发和作物蒸腾量大，而水汽又不易逸散出温室，加上作物本身的结露、吐水等，常出现 90%～100% 的高湿环境，在设施内壁面、屋面、窗帘内面、作物体上形成水滴。因此，园艺设施内的湿度管理主要是如何减少土壤水分蒸发，降低空气湿度。

1. 土壤湿度管理 土壤湿度过高是园艺设施内空气湿度偏高的主要原因，因此，应通过合理的灌溉方式和地面覆盖来减少灌水量和土壤蒸发量。

蔬菜、果树生产等一般采用高畦或高垄栽培，在垄沟或畦沟上面覆盖地膜，在地膜下浇水。有条件的地方，最好采用微灌溉系统进行浇水。

2. 空气湿度管理 园艺设施内适宜的空气湿度一般为70%左右，一日内的大部分时间需要排湿。

园艺设施排湿主要是结合通风降温进行。阴雨（雪）天、浇水后2～3d内以及叶面追肥和喷药后的1～2d内，设施内的空气湿度容易偏高，应加强通风。

一日中，以中午前后的空气绝对含水量为最高，也是排湿的关键时期，清晨的空气相对湿度达一日中的最高值，此时的通风降湿效果最明显。

练习与作业

1. 在教师的指导下，参加园艺设施的光照湿度管理，并对主要技术环节进行总结。
2. 调查当地园艺设施湿度管理的主要措施，并进行效果分析。

任务4　土壤消毒

【任务目标】掌握园艺设施土壤消毒技术要点。

【教学材料】温室、塑料大棚等消毒材料与用具。

【教学方法】在教师指导下，让学生了解并掌握园艺设施的土壤化学消毒和物理消毒的技术要点。

园艺设施内的高湿度、弱光照以及无酷暑和严寒的环境特点，适合病菌繁殖和有害昆虫的繁育，特别是园艺设施常年进行植物生产，重茬严重，土壤中的病菌、线虫等发生较为严重，需要定期对土壤进行消毒处理。

1. 土壤化学消毒 所用药剂主要有甲醛、硫黄粉、福美双、五氯硝基苯、多菌灵等。

甲醛使用浓度为50～100倍。先将床土翻松，然后用喷雾器均匀地在地面上喷一遍，再稍翻一翻，使耕层土壤能沾上药液，并覆盖塑料薄膜2d，使甲醛挥发，起到杀菌作用。2d后揭开膜，打开门窗，使甲醛蒸气放出去，2周后可播种或定植。

硫黄粉消毒多在播种或定植前2～3d进行熏蒸，消灭床土或保护设施内的白粉病、红蜘蛛等。具体方法是：每100m²的设施内用硫黄粉20～30g，敌敌畏50～60g和锯末500g，放在几个花盆内分散放置，封闭门窗，然后点燃成烟雾状，熏蒸一昼夜即可。

甲霜灵、福美双、多菌灵等一般按每667m² 4～5kg用药量，与土混匀后，撒入定植沟或播种沟内进行土壤消毒。

2. 大棚高温闷土消毒 大棚高温闷土消毒属于物理法消毒。

方法一：在7～8月，前茬作物拉秧后及时清除植株残体，彻底清洁温室后，深翻土壤50～60cm，灌大水，然后用薄膜全面覆盖，在太阳光下密闭暴晒15～25d，使10cm土温高达50～60℃以上，形成高温缺氧的小环境，以杀死低温好气性微生物和部分害虫、卵、蛹、线虫，也可有效预防瓜类枯萎病、茄子黄萎病等土传病害。

方法二：在夏季高温休闲季节，把植株残体彻底清除以后，每667m²施石灰氮70～80kg（降低硝酸盐含量，减轻土壤酸化）或切碎的农作物秸秆等500～1 000kg（切成3～4cm长），再加入腐熟圈肥或腐殖酸肥后立即深翻土壤50cm，起高垄，浇透水，然后盖严棚膜，封闭所有的通道，使气温达到70℃以上、地表20cm土温达到45℃以上，15d后通风并揭去薄膜，晾晒 5~7d 即可。秸秆在高温条件下通过发酵分解能够增加土壤有机质，使土壤疏松透气，改善土壤的物理性质，同时还可杀死美洲斑潜蝇等害虫的蛹以及大部分土传病原菌和线虫。

练习与作业

1. 在教师的指导下，参加园艺设施的土壤消毒，并对主要技术环节进行总结。
2. 调查当地园艺设施土壤消毒的主要措施，并进行效果分析。

任务 5　二氧化碳气体施肥

【任务目标】掌握园艺设施二氧化碳气体施肥技术要点。
【教学材料】温室、塑料大棚等二氧化碳气体施肥技术材料与设备。
【教学方法】在教师指导下，让学生了解并掌握主要园艺设施二氧化碳气体施肥技术要点。

二氧化碳是绿色植物制造碳水化合物的重要原料之一，植物光合作用的适宜浓度为 800~1 200mg/kg。塑料拱棚、温室等设施内的二氧化碳主要来自大气以及植物和土壤微生物的呼吸活动，由于设施的保温需要，通风不足，以致白天设施内大部分时间里的二氧化碳浓度低于适宜浓度，适宜浓度的保持时间只有日出后的 30min 左右，不能满足植物高产栽培的需要，应当进行二氧化碳气体施肥。

1. 二氧化碳气体施肥方法　主要有钢瓶法、燃烧法、化学反应法和生物法几种。

钢瓶法和燃烧法主要用于大型连栋温室或连栋大棚中，目前国内应用较多的是钢瓶法。钢瓶法是通过系列管道，将钢瓶内的液态二氧化碳输送到设施上部的散气排风扇中，由风扇自上而下均匀扩散到田间（图4-6）。

图 4-6　钢瓶二氧化碳施肥装置

化学反应法主要用碳酸盐与硫酸进行反应，产生二氧化碳气体。碳酸氢铵的参考用量为：栽培面积 667m² 的塑料大棚或温室，冬季每次用碳酸氢铵 2 500g 左右，春季 3 500g 左右。碳酸氢铵与浓硫酸的用量比例为 1∶0.62。该施肥法技术简单，成本低，广泛应用于农户温室、大棚中。简易施肥法是用小塑料桶盛装稀硫酸（稀释 3 倍），每 40~50m² 地面一个桶，均匀吊挂到离地面 1m 以上高处。按桶数将碳酸氢铵分包，装入塑料袋内，在袋上扎几个孔后，投入桶内，与硫酸进行反应。成套装置法是硫酸和碳酸氢铵在一个大塑料桶内集中进行反应，产生的气体经过滤后释放进设施内（图4-7）。

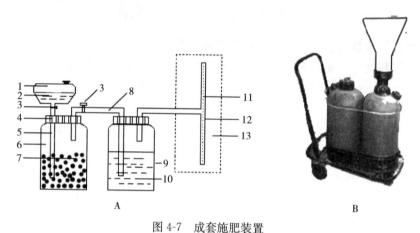

图 4-7 成套施肥装置
A、装置基本结构　B、装置示意图
1. 盛酸桶　2. 硫酸　3. 开关　4. 密封盖　5. 输酸管　6. 反应桶　7. 碳酸氢铵
8. 输气管　9. 过滤桶　10. 水　11. 散气孔　12. 散气管　13. 温室（大棚）

生物法是利用生物肥料生产二氧化碳气体，技术简单，使用方便，但二氧化碳气体的释放速度和释放量无法控制，应用范围不大。

2. 二氧化碳的施肥时期和时间　苗期和产品器官形成期是二氧化碳施肥的关键时期。

苗期施用二氧化碳应从真叶展开后开始，以花芽分化前开始施肥的效果为最好。产品器官形成期为蔬菜对碳水化合物需求量最大的时期，也是二氧化碳气体施肥的关键期，此期即使外界的温度已高，通风量加大了，也要进行二氧化碳气体施肥，把上午 8~10 时蔬菜光合效率最高时间内的二氧化碳浓度提高到适宜的浓度范围内。

晴天通常在日出 30min 后或卷起草苫 30min 左右后开始施肥，阴天以及温度偏低时，应在日出 1h 后开始施肥。一般每次的施肥时间应不少于 2h。

注意事项

1. 二氧化碳施肥后蔬菜生长加快，要保证肥水供应。
2. 施肥后要适当降低夜间温度，防止植株徒长。
3. 要防止设施内二氧化碳浓度长时间偏高，造成蔬菜二氧化碳气体中毒。
4. 要保持二氧化碳施肥的连续性，应坚持每天施肥，不能每天施肥时，前后两次施肥的间隔时间也应短一些，一般不要超过一周，最长不要超过 10d。

5. 化学反应法施肥时，二氧化碳气体要经清水过滤后，方能送入大棚内，同时碳酸氢铵不要存放在大棚内，防止氨气挥发引起蔬菜氨中毒。

另外，反应液中含有高浓度的硫酸铵，硫酸铵为优质化肥，可用作设施内追肥。做追肥前，要用少量碳酸氢铵做反应检查，不出现气泡时，方可施肥。

练习与作业

1. 在教师的指导下，参加园艺设施的二氧化碳气体施肥，并对主要技术环节进行总结。
2. 调查当地园艺设施二氧化碳气体施肥方法，并进行效果分析。

任务6　设施环境的智能调控

【任务目标】了解设施环境智能调控系统的基本组成和工作原理。

【教学材料】施环境智能调控系统教学的模具、挂图、视频等。

【教学方法】在教师指导下，让学生了解并掌握设施环境智能调控系统的组成与基本操作。

设施蔬菜生产智能化管理是将计算机控制技术、信息管理技术、机电一体化技术等在设施内进行综合运用，对设施蔬菜生产进行智能化自动管理。

自动管理系统是由起调节作用的全套自动化仪表（器）装置（调节装置）和被调节与控制的设备（或各种参数，即调节对象）构成。如温室内的感温元（器）件、调节器、各种控制件（如阀门）、散热器、温室围护结构等，组合在一起就是一个自动调节系统（图4-8、图4-9）。

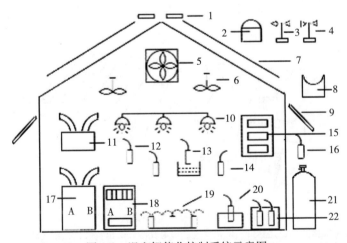

图 4-8　温室智能化控制系统示意图

1. 天窗　2. 光照传感器　3. 风向传感器　4. 风速传感器　5. 排风扇
6. 搅拌器　7. 遮阳网　8. 雨量传感器　9. 侧窗　10. 补光灯　11. 加湿器
12. 二氧化碳传感器　13. 湿度传感器　14. 温度传感器　15. 除湿器
16. 户外温度传感器　17. 加温器（暖气）　18. 制冷器　19. 灌溉装置
20. 土壤湿度传感器　21. 二氧化碳气肥施肥器　22. 土壤pH、EC传感器

图 4-9 温室智能化控制系统装置

拓展知识

温室大棚"四位一体"环境调控模式

该模式以沼气为纽带，种、养业结合，通过生物转换技术，将沼气池、猪（禽）舍、厕所、日光温室连结在一起，组成生态调控体系。大棚为菜园、猪舍、沼气池创建良好的环境条件；粪便入池发酵产生沼气，净化猪舍环境；沼渣为菜园提供有机肥料。

1. "四位一体"生态调控体系组成　"四位一体"生态调控体系主要由沼气池、进料口、出料口、猪圈、厕所、沼气灯、蔬菜田、隔离墙、输气管道、开关阀门等部分组成（图4-10）。

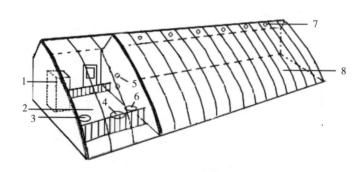

图 4-10　"四位一体"生态调控体系组成
1.厕所　2.猪圈　3.进料口　4.沼气池　5.通气口　6.出料口　7.沼气灯　8.生产田

2. 主要性能

（1）提高棚内温度。一般，一个容量 $8m^3$ 沼气池可年产沼气 $400\sim500m^3$，燃烧后可获得65.6万J的热量（沼气热值$1\,193\sim1\,313J/m^3$）。早上在棚内温度最低时点燃沼气灯、沼气炉，可为大棚提供2 632J的热量，使棚内温度上升 $2\sim3$℃，防止冻害。

(2) 提供肥料。一般，一个 $8m^3$ 沼气池一年可提供 6t 沼渣和 4t 沼液。每吨沼渣的含氮量相当于 80 kg 碳酸氢铵，每吨沼液的含氮量相当于 20 kg 碳酸氢铵。

(3) 提供二氧化碳气体。沼气是混合气体，主要成分是甲烷，占 55%～70%，其次是二氧化碳，占 25%～40%。$1m^3$ 沼气燃烧后可产生 $0.97m^3$ 二氧化碳。一般通过点燃沼气灯、沼气炉，可使大棚内的二氧化碳浓度达到 1 000～1 300 mL/m^3，较好地满足蔬菜生长的需要。

■ 练习与作业

在教师的指导下，进行园艺设施环境智能管理系统操作，并对主要技术环节进行总结。

模块二　园艺设施机械化管理

任务 1　微型耕耘机的应用

【任务目标】掌握微型耕耘机的主要种类与主要应用。

【教学材料】常用微耕机。

【教学方法】在教师指导下，让学生了解并掌握当地主要微耕机的种类与使用、维护要点。

微型耕耘机也称为多功能微型管理机、微耕机等。微型耕耘机的主机形似一小型手扶拖拉机。该类机械机型小巧，操作灵活方便，扶手高低位置可调，水平方向可转动360°，实现不同方向12个定位，可以在不同方向操作机具，农具拆装挂接方便，一台主机可佩带多种农机具，能够完成小规模的耕地、栽植、开沟、起垄、中耕锄草、施肥培土、打药、根茎收获等多项作业，适合大棚、果园、露地菜种植使用（图 4-11）。

1. 微耕机的种类　按性能和功能微型耕耘机一般分为以下两种类型：

简易型：配套动力小于 3.7kW；配套机具少，功能也少。该类管理机手把不能调节、无转向离合器、前进和后退挡位少等，操作不够方便，但其价格低（每台主机售价低于 3 000 元），销售量呈逐步增加之趋势。

标准型：配套动力大于 3.7kW；可配套机具多，功能也较多；使用可靠性好，操作方便。但售价较高，主机售价为每台 4 000～7 000元。

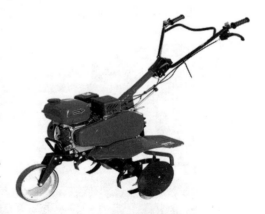

图 4-11　设施园艺微耕机

2. 微耕机使用要点

(1) 使用购回的新耕作机前，要详细阅读产品使用说明、功能介绍、各部分的安装与调整方法，如有疑问可向经销商咨询。

(2) 正确安装好新机后，加足燃料、润滑油、冷却液，同时还必须进行初期的磨合，使各零件间达到良好的配合。耕作机械要进行50h以上的空载磨合，变速箱的各挡位也要分别进行磨合。磨合完毕后，放掉润滑油，清洗并换入干净润滑油后，方可逐步加带负荷工作。

(3) 耕作机投入工作前，要注意检查燃油、润滑油、冷却液是否足量。若足量，启动机器预热后方可投入工作。

(4) 耕作机工作完毕后，要注意检查、清洁或更换"三滤"（空气滤清器、燃油滤清器、机油滤清器），滤芯要认真检查、清洁、紧固、调整并润滑活动部分，排除故障，消除隐患。

(5) 要定时或按使用情况更换润滑油和"三滤"。遇到不能排除的故障，要及时与专业维修人员联系，切不可盲目拆机。

(6) 耕作机平时不用时，要注意定期启动，润滑各部件，使其处于良好的待机状态。

■ 练习与作业

1. 在教师的指导下，进行微型耕耘机的操作训练，并对主要技术环节进行总结。
2. 调查当地园艺设施微型耕耘机的主要种类。

任务2 自行走式喷灌机的应用

【任务目标】掌握设施自行走式喷灌机的主要种类和主要应用。

【教学材料】常用自行走式喷灌机。

【教学方法】在教师指导下，让学生了解并掌握当地主要设施自行走式喷灌机的种类和使用、维护要点。

自行走式喷灌机是将微喷头安装在可移动喷灌机的喷灌管上，并随喷灌机的行走进行微喷灌的一种灌溉设备。

1. 自行走式喷灌机的基本结构　自行走式喷灌机主要由行走小车、主控制箱、供水供电系统、轨道装置以及其他配件组成（图4-12）。

(1) 行走小车。是带动喷水管在运行轨道上往复喷洒作业的动力机构。行走小车通过安

图4-12　自行走式喷灌机

装于上面的减速电机驱动,电机转动带动小车往复运动。

(2) 主控制箱。为喷灌机的核心部分,喷灌机的工作方式、工作状态完全要靠它来控制。在一些高档的喷灌机上还带有遥控手柄,操作人员可直接通过遥控手柄在有效的距离内对喷灌机进行操作。

(3) 供水供电系统。主要包括喷水管、喷头、供水管及电缆。

(4) 轨道装置。主要包括运行轨道和转移轨道。运行轨道是安装于温室每跨的轨道,喷灌机工作时就运行于每跨的运行轨道上。

2. 自行走式喷灌机使用与维护要点

(1) 电动机启动前应进行检查,确保电气接线正确,仪表显示正位;转子转动灵活,无摩擦声和其他杂音;电源电压正常。

(2) 施肥装置运行前应进行检查,确保各部件连接牢固,承压部位密封;压力表灵敏,阀门启闭灵活,接口位置正确。

(3) 管道使用前应进行检查,管和管件应齐全、清洁、完好,管道不漏水。

(4) 喷头安装前应进行检查,确保零件齐全,联接牢固,喷嘴规格无误,流道通畅。

(5) 机械运行中若出现不正常现象(如杂音、振动、水量下降等),应立即停机检查。

(6) 每次作业完毕应将喷头清洗干净,及时更换损坏部件。

(7) 灌溉季节过后,应对电动机进行一次检修。对施肥装置各部件进行全面检修,清洗污垢,更换损坏和被腐蚀的零部件,并对易蚀部件和部位进行处理。

练习与作业

1. 在教师的指导下,进行自行走式喷灌机的操作训练,并对主要技术环节进行总结。
2. 调查当地园艺设施自行走式喷灌机的主要种类。

任务3 设施卷帘机的应用

【任务目标】掌握设施卷帘机的主要种类和应用要点。

【教学材料】常用卷帘机。

【教学方法】在教师指导下,让学生了解并掌握主要设施卷帘机的主要种类和应用要点。

1. 设施卷帘机的种类

(1) 手摇卷帘机。手摇卷帘机属于人力卷帘机械,主要用于保温被的卷放。

该卷帘机主要以缠绕式为主,在保温被的下端横向固定一根铁管作为卷帘轴,在轴的两端安装卷帘轮,用以缠绕牵引索。

(2) 电动卷帘机。主要分为后墙固定式卷帘机、撑杆式卷帘机和轨道式卷帘机3种,以后两种应用较普遍。

撑杆式卷帘机:也称屈伸臂式大棚卷帘机、棚面自走式大棚卷帘机。该卷帘机采用机械手的原理,利用卷帘机的动力上、下自由卷放草苫。电机与减速机一起沿屋面滚动运行。电机正转时,卷帘轴卷起覆盖物,电机反转时,放下草苫(图4-13)。

轨道式卷帘机:卷帘机根据每个大棚的拱度单独设计安装相应的钢架轨道,轨道高出棚面70cm左右。将机头安装在轨道上,利用卷帘机的动力实现草帘拉放,不受大棚坡度影响

(图4-14)。

2. 卷帘机的使用与维护

(1) 安装前,应认真阅读《产品使用说明书》,按说明书的要求做好机器安装前准备。

(2) 安装结束后,要进行一次全面检查,检查无误、安全可靠后方可进行运行调试工作。

(3) 第一次送电运行,约上卷1m,看草苫调直状况,若苫帘不直可视具体情况分析不直原因,采取调直措施。本次运行,无论草苫直与不直都要将机器退到初始位,目的是试运

图4-13 撑杆式卷帘机结构图

图4-14 轨道式卷帘机

行,一是促其草苫滚实,二是对机器进行轻度磨合。

(4) 第二次送电运行,约上卷到2/3处,目的仍是促其草苫进一步滚实和对机器进行中度磨合。然后,再次将机器退回到初始位。

(5) 第三次送电前,应仔细检查主机部分是否有明显温度升高现象,若主机温度不超环境温度,且未发现机器有异声、异味,可进行第三次送电运行至机器到位。

(6) 使用期间,各连接部位螺丝松动,应及时紧固;焊接处断裂、开焊,应及时更换或修复;草帘走偏,应及时进行调整。

(7) 在电动机控制开关附近安装闸刀开关,草帘卷到位后应及时关机,拉下闸刀,切断电源。

(8) 雪天工作时,应及时清扫草帘上的积雪,避免负荷过重。

(9) 如遇停电,要先切断电源,再将手摇把插入摇把孔,人工摇动卷帘。

(10) 主机的传动部分(如减速机、传动轴承等)每年要添加一次润滑油。对部件每年涂一遍防锈漆。

▎练习与作业

1. 在教师的指导下，进行卷帘机的操作训练，并对主要技术环节进行总结。
2. 调查当地园艺设施卷帘机的主要种类，并进行使用效果分析。

任务4　湿帘风机降温系统的应用

【任务目标】掌握设施湿帘风机降温系统基本结构与基本应用。
【教学材料】常用湿帘风机降温系统。
【教学方法】在教师指导下，让学生了解并掌握湿帘风机降温系统的基本结构与应用技术。

湿帘风机降温系统由特种纸质多孔湿帘、水循环系统和低压大流量节能风机组成，利用外部空气经过湿帘过滤、降温后进入设施内，吸收热量升温后，再由风机排到室外带走热量，从而室设施内部降温。具有节能、降温效果好等优点，目前广泛应用于大型园艺设施中。

1. 湿帘风机降温系统的基本结构

（1）湿帘。别名水帘，呈蜂窝结构，是由原纸加工生产而成（图4-15）。优质湿帘具有高吸水、高耐水、抗霉变、使用寿命长等优点，而且蒸发比表面大，降温效率达80%以上，不含表面活性剂，自然吸水，扩散速度快，效能持久，一滴水4～5s即可扩散完毕。

（2）风机。属于负压风机，具有体积庞大、超大风道、超大风叶直径、超大排风量、超低能耗、低转速、低噪音等特点（图4-16）。

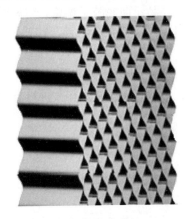

图4-15　湿　帘

图4-16　风　机

（3）供水系统。包括供水和回水管路、水池、水泵、过滤装置、控制系统（图4-17）。

2. 湿帘风机降温应用

（1）湿帘风机降温系统安装时，应尽量避免或减少通风死角，确保室内通风换气均匀。一般湿帘与负压风机相对布置，湿帘与供水系统安装在设施的北侧墙面上（图4-15），风机间隔安装在南侧墙上。

（2）湿帘与湿帘箱体、湿帘箱体与山墙、风机与山墙的设计安装要严实，不留间隙，避免室外热空气向内渗透，影响系统降温效果。

（3）供水系统要使用清洁的水源，不能使用含有藻类和微生物含量过高的水源；水的酸碱度要适中，导电率要小。过滤器要经常清洗，水池要加盖并定期清洗，只能经过过滤后才能循环使用。为阻止湿帘表面藻类或其他微生物滋生，短时处理可向水中投放 3~5mg/kg 氯或溴，连续处理时浓度为 1mg/kg。

图 4-17　湿帘供水系统

（4）经常观察湿帘的水流及分布情况，正常水流必须细小而且沿湿帘波纹缓慢下流，整个湿帘均匀浸湿，没有干带或部分集中的水流。如发现湿帘部分区域有水流喷射现象，多是湿帘纸质表面带有毛刺所致，可用手掌来回轻拂即可解决。

（5）湿帘表面如有水垢或藻类形成时，应在彻底晾干后，用软毛刷沿波纹上下轻刷，然后可用供水系统适当调高压力进行冲洗。

（6）每年夏季启封使用前，应检查湿帘缝隙中是否有杂物，出现杂物时要用软毛刷清除。如发现湿帘出现缝隙应挤紧，缝隙过大时应加补。冬季停止使用时，应在确保湿帘干透后用薄膜在湿帘四周用卡槽封住。

（7）日常保养时，应在水泵停机 30min 后，再关停风机，保证彻底晾干湿帘。系统停止运行后检查水槽内积水是否排空，避免湿帘底部长期浸在水中，引起纸质霉变，减少使用寿命。

练习与作业

1. 在教师的指导下，进行湿帘风机降温系统的操作训练，并对主要技术环节进行总结。
2. 调查当地园艺设施湿帘风机降温系统使用情况。

任务5　设施滴灌技术的应用

【任务目标】掌握设施滴灌系统基本组成和应用要点。
【教学材料】常用滴灌系统。
【教学方法】在教师指导下，让学生了解并掌握主要设施滴灌系统基本组成和应用要点。

滴灌是按照作物需水要求，通过低压管道系统与安装在毛管上的孔口或滴头，将水均匀而又缓慢地滴入作物根区土壤中的灌水方法。滴灌属于节水灌溉方式，水的利用率可达95%，同时结合施肥，可提高肥效一倍以上。目前广泛应用于设施果树、蔬菜、花卉等生产灌溉。

1. 滴灌系统的组成　典型的滴灌系统由水源、首部枢纽、输水管道系统和滴头（滴管带）4 部分组成（图 4-18）。

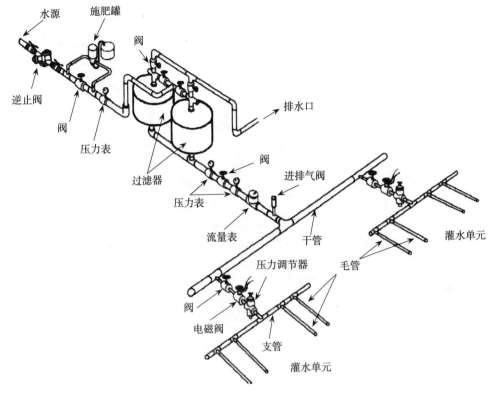

图 4-18 灌溉系统组成

(1) 水源。一般选择水质较好，含沙、含碱量低的井水与渠水作为水源，以减少对管道、过滤系统的堵塞和腐蚀，保护滴灌系统的正常使用，延长滴灌系统的使用年限。

(2) 首部控制枢纽。首部控制枢纽由水泵、施肥罐、过滤装置及各种控制和测量设备组成，如压力调节阀门、流量控制阀门、水表、压力表、空气阀、逆止阀等。

(3) 输水管道系统。由干管、支管和毛管3级管道组成。干、支管采用直径20～100mm掺炭黑的高压聚乙烯或聚氯乙烯管，一般埋在地下，覆土层不小于30cm。毛管多采用直径10～15mm炭黑高压聚乙烯或聚氯乙烯半软管。

(4) 滴头。滴头是安装在灌溉毛管上，以滴状或连续线状的形式出水，且每个出口的流量不大于15L/h的装置。按滴头结构和消能方式主要有长流道型滴头（靠水流与流道壁之间的摩擦阻力消能来调节流量大小，如微管滴头、螺纹滴头和迷宫滴头等）、压力补偿型滴头（利用水流压力对滴头内的弹性体作用，使流道形状改变或过水断面面积发生变化，分为全补偿型和部分补偿型两种）。

另外，还有一种滴水方式是将滴头与毛管制造成一个整体，兼具配水和滴水功能，称为滴灌带（图 4-19）。

简易滴灌系统设备简单，投资少，易建造，目前广泛应用于小型园艺设施中（图 4-20）。

2. 滴灌系统应用

(1) 滴头及管道布设。滴头流量一般控制在

图 4-19 滴管带

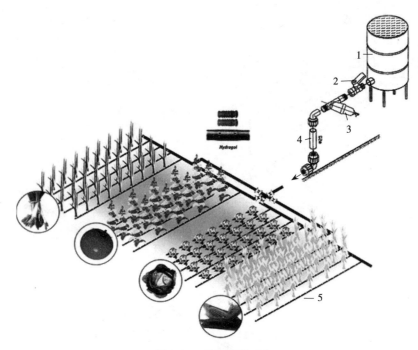

图 4-20 重力滴灌系统
1. 水箱　2. 阀门　3. 施肥器　4. 输水管　5. 滴灌带

2~5L/h，滴头间距 0.5~1m。干、支、毛 3 级管最好相互垂直，毛管应与作物种植方向一致。

（2）系统第一次运行时，需进行调压，使系统各支管进口的压力大致相等。

（3）系统每次工作前先进行冲洗，在运行过程中，要检查系统水质情况，视水质情况对系统进行冲洗。

（4）系统运行时，必须严格控制压力表读数，将系统控制在设计压力下运行，以保证系统能安全有效的运行。

（5）定期对管网进行巡视，检查管网运行情况，如有漏水要立即处理。灌溉季节结束后，应对损坏处进行维修，冲净泥沙，排净积水。

（6）施肥罐中注入的水肥混合物不得超过施肥罐容积的 2/3。每次施肥完毕后，应对过滤器进行冲洗。

练习与作业

1. 在教师的指导下，进行滴灌系统的操作训练，并对主要技术环节进行总结。
2. 调查当地园艺设施滴灌系统使用情况。

模块三　园艺设施病虫害综合防治

任务 1　农业防治技术

【教学要求】通过学习，掌握设施农业法防治病虫害技术要点。

【教学材料】设施生产田、相关视频等。
【教学方法】在教师的指导下，让学生以班级为单位或分组进行设施农业法防治病虫操作实践。

农业防治是在有利于农业生产的前提下，通过选用抗性品种，加强栽培管理以及改造自然环境等手段来抑制或减轻病虫害的发生。农业防治采用的各种措施，主要是通过恶化生物的营养条件和生态环境，以达到抑制其繁殖率或使其生存率下降的目的。主要措施有：

1. 加强植物检疫 根据国家的植物检疫法规、规章，严格执行检疫措施。

2. 选用抗（耐）病虫品种，培育无病壮苗

3. 保持设施内适宜的光照及昼夜温差，降低空气湿度

4. 合理轮作、间作、套种

5. 科学施肥 合理施肥能改善植物的营养条件，提高植物的抗病虫能力。应以有机肥为主，适施化肥，增施磷钾化肥及各种微肥。

6. 嫁接防病 如瓜类、茄果类蔬菜嫁接可有效地防治瓜类枯萎病、茄子黄萎病、番茄青枯病等多种病害。

7. 清洁田园 在播种和定植前，结合整地收拾病株残体，铲除田间及四周杂草，拆除病虫中间寄主。在作物生长过程中及时摘除病虫为害的叶片、果实或全株拔除，带出田外深埋或烧毁。

练习与作业

1. 在教师的指导下，进行设施病虫害农业防治措施的应用训练，并对主要技术环节进行总结。
2. 调查当地园艺设施病虫害农业防治技术使用情况。

任务2　物理防治技术

【教学要求】通过学习，掌握防虫网、色板、杀虫灯等防治病虫的技术要点。
【教学材料】防虫网、色板、杀虫灯以及温室电除雾防病促生系统以及相关材料等。
【教学方法】在教师的指导下，让学生进行防虫网、色板、杀虫灯等的应用实践。

物理防治技术主要是利用物理隔离、色、电、高温等防治病虫技术，主要应用于设施栽培中。园艺设施常用物理防治技术主要有：

1. 防虫网防病虫技术 防虫网覆盖栽培是一项增产实用的环保型农业新技术，通过覆盖在棚架上构建人工隔离屏障，将害虫拒之网外，切断害虫（成虫）繁殖途径，有效控制各类害虫，如菜青虫、菜螟、小菜蛾、蚜虫、跳甲、甜菜夜蛾、美洲斑潜蝇、斜纹夜蛾等的传播以及预防病毒病传播危害，大幅度减少菜田化学农药的施用，使产出的农作物优质、卫生，为发展生产无污染的绿色农产品提供了强有力的技术保证。

2. 色板诱杀防病虫技术 色板诱杀技术是利用某些害虫成虫对黄/蓝色敏感，具有强烈趋性的特性，将专用胶剂制成的黄色、蓝色胶粘害虫诱捕器（简称黄板、蓝板）悬挂在田间，进行物理诱杀害虫的技术。该技术遵循绿色、环保、无公害防治理念，可广泛应用于蔬菜、果树、花卉等作物生产中有关害虫的无公害防治（图4-21）。

防治蚜虫、粉虱、叶蝉、斑潜蝇一般选用黄色诱虫板，防治种蝇、蓟马用蓝色诱虫板，每667m²地悬挂规格为25cm×20cm的诱虫板40片左右，当诱虫板上粘的害虫数量较多时，用木棍或钢锯条及时将虫体刮掉，可重复使用。

低矮蔬菜一般将黏虫板悬挂于距离作物上部15～20cm处，并随作物生长高度不断调整黏虫板的高度。搭架蔬菜一般将诱虫板垂直挂在两行中间植株中部。色板诱杀从苗期或定植期开始使用，直到生产结束。

3. 杀虫灯诱杀技术 该技术利用害虫的趋光、趋波、趋色、趋性等特性，将杀虫灯光波设定在特定范围内，近距离用光，远距离用波，加以害虫本身产生的性信息引诱成虫扑灯，再配以特制的高压电网触杀，使害虫落入专用虫袋内，达到杀灭害虫的目的（图4-22）。

频振式杀虫灯诱杀的害虫主要有鳞翅目、鞘翅目等7个目20多科40多种害虫。一般在害虫高发期前开始安装使用，每日开灯时间为20时至次日凌晨6时，单灯的有效控制面积为3.35hm²。

图4-21 色板

图4-22 杀虫灯

练习与作业

1. 在教师的指导下，进行设施病虫害物理防治措施的应用训练，并对主要技术环节进行总结。
2. 调查当地园艺设施病虫害物理防治技术的使用情况。

任务3 烟雾防治技术

【**教学要求**】通过学习，掌握设施烟雾法病虫害防治技术的要点。

【**教学材料**】烟雾剂以及烟雾发生装置等。

【**教学方法**】在教师的指导下，让学生以班级为单位或分组进行设施烟雾防治病虫的操作实践。

烟雾防治技术属于化学防治范畴。该法是将农药加热气化后，农药分散以细小颗粒均匀扩散后对整个温室或大棚内进行均匀灭菌或灭虫技术。烟雾技术不增加空气湿度，同时烟雾扩散均匀，病虫防治彻底。

1. 烟雾的种类 分为杀菌类和杀虫类两种。常用的杀菌农药主要有百菌清、速克灵、甲霜灵、甲基硫菌灵、代森锰锌等烟雾。常用的杀虫剂主要为敌敌畏烟雾。

2. 烟雾产生方法 生产方法比较多，常用的有：

（1）烟雾剂。烟雾剂的主要成分为农药、燃烧剂和助燃剂，使用方便，但成本较高（图4-23）。

（2）烟雾机。烟雾机也称烟雾打药机，喷药机，属于便携式农业机械（图4-24）。该机可以把药物制成烟雾状，有极好的穿透性和弥漫性，附着性好，操作方便，大幅度减少药物用量，工作效率高，杀虫灭菌好。其防治高度＞15m，施药1.3～3.3 hm^2/h。

（3）直接加热农药气化法。将农药直接加热气化，产生烟雾。

3. 烟雾使用

（1）设施内烟雾防治病虫害，一般于下午日落前进行。先将温室、大棚的通风口全部关闭严实，点燃烟雾剂产生烟雾或用烟雾发生器喷雾（图4-23、图4-24）。要由里向外倒退喷雾，或点燃烟雾剂的火药引信，完成后退出温室、大棚，并将门关闭严实。

（2）烟雾的用量要适宜。要按使用说明书上的使用量用药，烟雾的用量过大，容易产生烟害。

（3）熏棚期间要保持大棚密闭。温室、大棚密闭较差时，一方面容易造成其内的烟雾外散，产生浪费；另一方面，外界的风吹入温室、大棚内后，也还会搅动空气，影响空气中的农药颗粒向茎叶沉落。一般要求点燃烟雾剂后，至少4～5h内保持温室、大棚密闭。

（4）要注意人身安全。烟雾剂中的农药对人体均有不同程度的危害，要注意人身安全。点燃烟雾剂后，应尽量减少在温室、大棚内的停留时间。另外，人进入温室、大棚内进行田间管理前，要先打开通风口，放风2h左右，待温室、大棚内的烟雾量减少后，才能够进入温室、大棚内。

（5）烟雾剂发烟时要远离作物，防止烟雾造成周围作物的叶片青枯死亡，一般烟雾剂燃放点与作物的距离不少于30cm。

图4-23 烟雾剂发烟

图4-24 烟雾发生器

练习与作业

1. 在教师的指导下，进行设施病虫害烟雾防治技术的应用训练，并对主要技术环节进行总结。

2. 调查当地园艺设施病虫害烟雾防治技术的使用情况。

任务4 生物防治技术

【教学要求】 通过学习，掌握设施生物法防治病虫害技术的要点。

【教学材料】 防治病虫的生物及生物制剂、相关视频等。

【教学方法】 在教师的指导下，让学生以班级为单位或分组进行设施生物法防治病虫的操作实践。

生物防治技术是指利用各种有益生物或生物的代谢产物来控制病虫害。生物防治技术具有经济、有效、安全、污染小和产生抗药性慢等优点，是发展无公害生产的先进措施，特别适合绿色无公害蔬菜生产基地推广应用。主要技术包括：

1. 以虫治虫 常用的有：利用广赤眼蜂防治棉铃虫、烟青虫、菜青虫，每隔5～7d放一次，连续放蜂3～4次，寄生率可达80%左右；用丽蚜小蜂防治温室白粉虱，连续放蜂3次，若虫寄生率达75%以上；用烟蚜茧蜂防治桃蚜、棉蚜，每4d一次，共放7次，放蜂一个半月内甜椒有蚜率控制在3%～15%，有效控制期52d，黄瓜有蚜率在0～4%，有效控制期42d。

2. 以菌治虫 常用的有：苏云金杆菌防治菜青虫、小菜蛾、菜螟、甘蓝夜蛾等；白僵菌用于果树、粮食、蔬菜等鳞翅目害虫的防治；用座壳孢菌剂防治温室白粉虱，对白粉虱若虫的寄生率可达80%以上。

3. 利用生物源农药防治害虫 常用生物源防虫农药有蛔蒿素植物毒素类杀虫剂（可防治菜蚜、菜青虫、棉铃虫等）、浏阳霉素杀螨剂、苦参碱（可防治菜青虫、菜蚜、韭菜蛆等）、阿维菌素（可防治菜青虫、小菜蛾、螨类等）等。

4. 利用生物源农药防治真菌、细菌病害 常用生物源防病农药有武夷菌素（可防治瓜类白粉病、番茄叶霉病、黄瓜黑星病、韭菜灰霉病等）、井冈霉素（可防治黄瓜立枯病等）、春雷霉素（可防治黄瓜枯萎病、角斑病和番茄叶霉病等）、中生菌素（可防治白菜软腐病、黑腐病、角斑病）、农抗120（灌根防治黄瓜、西瓜枯萎病，喷雾防治瓜类白粉病、炭疽病、番茄早疫病、晚疫病、叶菜类灰霉病等）、农用链霉素（可防治黄瓜、甜椒、辣椒、番茄、十字花科蔬菜细菌性病害等）等。

5. 利用生物源农药防治病毒 如利用10%混合脂肪酸水乳剂（83增抗剂，由菜籽油中提炼出）100倍液，在番茄、甜（辣）椒定植前、缓苗后喷雾，可防治病毒病；用抗毒剂1号（由菇类下脚料中提炼制）150倍液可防治茄果类蔬菜病毒病。

单元小结及能力测试评价

园艺设施环境管理的主要任务有光照管理、温度管理、湿度管理、土壤消毒和二氧化碳气体施肥，设施环境智能调控是现代大型设施管理的发展方向。园艺设施机械化管理主要包括微型耕耘机应用、自行走式喷灌机应用、设施卷帘机应用、湿帘风机降温系统和设施滴灌技术应用；园艺设施病虫害综合防治措施主要有物理防治技术、农业防治技术、烟雾防治技术和生物防治技术。

实践与作业

1. 在教师的指导下，学生进行设施环境控制管理实践。总结技术要领，写出技术流程和注意事项。
2. 在教师的指导下，学生进行设施机械操作实践，总结设施机械操作技术要领。
3. 在教师的指导下，学生进行设施蔬菜、果树和花卉病虫害综合防治实践，总结各技术的操作要领和注意事项。

单元自测

一、填空题（40分，每空2分）

1. 连阴天以及冬季温室采光时间不足时，一般于＿＿＿＿卷苫前和＿＿＿＿放苫后各补光＿＿＿＿h，使每天的自然光照和人工补光时间相加保持在＿＿＿＿h左右。
2. 大棚通风口的面积一般应不小于大棚＿＿＿＿的＿＿＿＿％。
3. 按性能和功能微型耕耘机一般分为＿＿＿＿和＿＿＿＿两种。
4. 滴灌系统由＿＿＿＿、＿＿＿＿、＿＿＿＿和＿＿＿＿4部分组成。
5. 电动卷帘机主要分为＿＿＿＿、＿＿＿＿和＿＿＿＿3种，以后两种应用较普遍。
6. 物理防治技术主要是利用物理＿＿＿＿、＿＿＿＿、＿＿＿＿、高温等防治病虫技术。
7. 色板诱杀技术是利用某些害虫成虫对黄/蓝色敏感，具有强烈＿＿＿＿的特性，将专用＿＿＿＿制成的黄色、蓝色胶粘害虫诱捕器（简称黄板、蓝板）悬挂在田间，进行物理诱杀害虫的技术。

二、判断题（24分，每题4分）

1. 蔬菜、果树生产等一般采用高畦或高垄栽培，在垄沟或畦沟上面覆盖地膜，在地膜下浇水。（　　）
2. 大棚高温闷土消毒属于生物法消毒。（　　）
3. 耕作机工作完毕后，要注意检查、清洁或更换"三滤"。（　　）
4. 自行走式喷灌机是将微喷头安装在可移动喷灌机的喷灌管上，并随喷灌机的行走进行微喷灌的一种灌溉设备。（　　）
5. 卷帘机雪天工作时，应及时清扫草帘上的积雪，避免负荷过重。（　　）
6. 生物防治技术是指利用各种有益生物或生物的代谢产物来控制病虫害。（　　）

三、简答题（36分，每题6分）

1. 简述园艺设施增加光照的主要措施。
2. 简述化学反应法二氧化碳气体施肥的技术要点。
3. 简述滴灌系统使用与维护要领。
4. 简述湿帘降温系统的工作原理。
5. 简述物理防治病虫各方法的技术要领。
6. 简述农业防治病虫害的主要措施。

能力评价

在教师的指导下,学生以班级或小组为单位进行设施环境控制、设施机械以及病虫害综合防治实践与生产指导。实践结束后,学生个人和教师对学生的实践情况进行综合能力评价。结果分别填入表 4-1 和表 4-2。

表 4-1 学生自我评价表

姓名			班级		小组	
生产任务		时间		地点		
序号	自评任务			分数	得分	备注
1	在工作过程中表现出的积极性、主动性和发挥的作用			5		
2	资料收集			10		
3	工作计划确定			10		
4	设施环境控制技术			20		
5	设施机械应用			20		
6	病虫害综合防治技术			20		
7	指导生产			15		
合计得分						
认为完成好的地方						
认为需要改进的地方						
自我评价						

表 4-2 指导教师评价表

指导教师姓名:_____ 评价时间:_____年_____月_____日 课程名称_____

生产任务:

学生姓名: 所在班级:

评价内容	评分标准	分数	得分	备注
目标认知程度	工作目标明确,工作计划具体结合实际,具有可操作性	5		
情感态度	工作态度端正,注意力集中,有工作热情	5		
团队协作	积极与他人合作,共同完成工作任务	5		
资料收集	所采集材料、信息对工作任务的理解、工作计划的制定起重要作用	5		
生产方案的制订	提出方案合理、可操作性、对最终的生产任务起决定作用	10		
方案的实施	操作的规范性、熟练程度	45		
解决生产实际问题	能够解决生产问题	10		
操作安全、保护环境	安全操作,生产过程不污染环境	5		
技术文件的质量	技术报告、生产方案的质量	10		
合计				

信息收集与整理

收集当地园艺环境控制技术、设施机械类型及应用以及设施病虫害综合防治技术应用情况，并整理成论文在班级中进行交流。

资料链接

1. 中国园艺网：http://www.agri-garden.com
2. 中国节水灌溉网：http://jsgg.sdlwlf.com/
3. 中国灌溉网：http://www.iachina.org.cn/

单元五 设施育苗技术

引 例

设施育苗因其能够较好地控制育苗环境，控制秧苗的生长发育进程，秧苗质量好，有利于生产，而越来越受到重视，发展规模逐年扩大，并由原来的单一育苗发展为集种子、秧苗、营销、技术指导等为一体的种苗产业。设施育苗技术为种苗产业的重要环节，是培育优质商品苗的关键。目前，各地先后建立起多个规模大小不等的设施育苗公司，但因技术原因，育苗能力和育苗质量也存在着较大的差异，严重阻碍了当地的设施园艺生产水平的提高。本单元从设施育苗的生产实际需要出发，介绍了设施蔬菜的育苗土育苗、无土育苗和嫁接育苗的技术要领；介绍了设施花卉、果树的嫁接育苗与扦插育苗技术要领。

通过教学实践，使学生熟练掌握设施蔬菜、果树和花卉的常用育苗方法、种子处理与各育苗方法的相应管理技术等，具备独立从事设施蔬菜、果树和花卉育苗的能力。

模块一 设施蔬菜育苗技术

任务1 育苗土配制

【教学要求】 了解蔬菜育苗土配制的理论与技术。
【教学材料】 蔬菜育苗土配制常用材料与用具等。
【教学方法】 在教师的指导下，让学生以班级或分组进行育苗土配制实践。

育苗土配制流程如下：

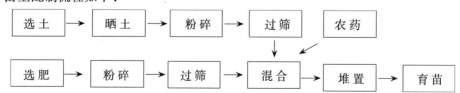

1. 土壤选择与处理 要选用不含育苗蔬菜病菌的田土、大蒜田土等，捣碎、捣细，充分暴晒后，过筛。

2. 肥料选择与处理 选用牲畜圈肥，或大田作物秸秆堆肥，充分腐熟并捣碎过筛后使用。

速烫干种子3~5s,然后用20~30℃的水继续浸种到指定的时间。

2. 催芽 浸种结束后,把种子捞出冲洗干净,甩去多余水分,用干净湿纱布或湿毛巾包好,置于适宜的温度、水分和通气条件下,促其萌发。催芽期间,每天翻动种子2~3次,用清水淘洗种子1~2次,除去种皮上的黏液,并补充水分。当大部分种子露白时,停止催芽,准备播种。

几种主要蔬菜浸种时间、催芽温度与时间见表5-1。

表5-1 几种主要蔬菜浸种时间、催芽适宜温度与时间

蔬菜种类	浸种时间（h）	催芽温度（℃）	催芽天数（d）	蔬菜种类	浸种时间（h）	催芽温度（℃）	催芽天数（d）
黄瓜	4~6	25~30	1~1.5	番茄	6~8	25~28	2~3
西葫芦	4~6	25~30	2~3	茄子	8~12	28~30	5~7
冬瓜	12~18	28~30	4~6	辣椒	8~10	25~30	4~6

3. 药剂消毒 种子带有病菌时,通常先进行一般浸种,再将种子放入配制好的药液中浸种20min左右,取出用清水冲洗干净,进行催芽处理。药液用量一般为种子体积的2倍。常用药剂有50%多菌灵可湿性粉剂500倍液、高锰酸钾1 000倍液、10%磷酸三钠溶液、1%硫酸铜溶液、100倍福尔马林溶液等。

土壤中病菌较多时,也可以用多菌灵、敌克松、福美双、克菌丹等杀菌剂与干种子混合均匀,使药剂黏附在种子表面,然后再播种。用药粉拌种时,药粉的重量一般为种子重量的0.2%~0.3%;用药剂拌种时,用药量一般为种子重量的2%左右。

任务4 播　　种

【教学要求】通过学习,掌握设施蔬菜种子的常用处理技术。

【教学材料】蔬菜种子以及种子处理用具等。

【教学方法】在教师的指导下,让学生以班级或分组进行蔬菜种子浸种、催芽和消毒处理。

1. 播种方法

(1) 撒播。将种子均匀地撒到浇透底水的苗床上,催芽的种子表面潮湿,不易撒开,可用细沙或草木灰拌匀后再播,播后覆土。小粒种子多用撒播,待长出2~3片真叶时分苗于分苗床或穴盘中。

(2) 点播。苗床浇透水,等水渗下后,按一定的行、株距把种子播入苗床中,播后覆土。大粒种子以及贵重蔬菜种子育苗,一般采取点播,每穴1粒,一次成苗。

(3) 机械播种。集约化无土育苗一般利用精量播种系统进行基质的混合、装盘、浇水、播种、覆土等流水作业(图5-3)。

2. 播种深度 播种深度也即覆土厚度。覆土厚度一般为种子厚的3~5倍,小粒种子覆土1~1.5cm,中粒种子1.5~2cm,大粒种子3cm左右。

3. 播种技巧 穴盘播种时,通常先将育苗盘中的基质浇透,用同样孔数的穴盘放在上面,对准后,用力向下压一定深度,然后按孔穴播入,播好后用蛭石或育苗基质覆盖。

图 5-3 育苗播种机械
1. 基质装盘装置 2. 播种装置 3. 覆土装置

相关知识

播种量 每 667m² 实际播种量计算如下：

播种量（g）＝定植所需苗数/（每克种子粒数×种子纯度×种子发芽率）×安全系数（1.5～2）。

主要育苗蔬菜的参考播种量见表 5-2。

表 5-2 几种主要育苗蔬菜每 667m² 参考播种量

蔬菜种类	种子千粒重（g）	用种量（g）	蔬菜种类	种子千粒重（g）	用种量（g）
黄瓜	25～32	125～150	番茄	2.8～3.5	20～25
西葫芦	140～200	250～450	茄子	4～5	20～35
冬瓜	40～60	100～150	辣椒	5～6	60～150
西瓜	60～140	100～160	结球甘蓝	3.3～4.5	30～50

任务 5 苗期管理

【教学要求】通过学习，掌握设施蔬菜种子的常用处理技术。

【教学材料】蔬菜种子以及种子处理用具等。

【教学方法】在教师的指导下，让学生以班级或分组进行蔬菜种子浸种、催芽和消毒处理。

1. 温度管理 出苗前温度要高，果菜类保持 25～30℃，叶菜类保持 20℃左右。低温季节采用电热温床、多层覆盖等加温、保温措施；夏季采用遮阳网等进行遮光降温。

第1片真叶展出前，采取小放风、减少覆盖等措施，适当降低温度，特别是夜间温度。白天和夜间的温度均降低3～5℃，防止"高脚苗"。第1片真叶展出后，果菜类白天保持温度25℃，夜间15℃，叶菜类白天温度20～25℃，夜间10～12℃，保持昼夜温差10℃左右。

分苗前一周适当降低温度3～5℃。分苗后的缓苗期，保持高温，白天25～30℃，夜间20℃，缓苗后降低温度，果菜类白天25～28℃，夜间15～18℃；叶菜类白天20～22℃，夜间12～15℃。

定植前7～10d，逐渐降低温度进行炼苗，果菜类白天温度下降到15～20℃，夜间温度5～10℃；叶菜类白天温度降到10～15℃，夜间1～5℃。

2. 水分管理 苗床底水浇足，播种后覆盖地膜保湿，低温期一般至分苗前不再浇水。高温季节，如苗床过于干燥，可适当洒水或撒湿润细土。

分苗前一天适量浇水，以利起苗。栽苗时要浇足稳苗水，缓苗后再浇1次透水，促进新根生长。

缓苗后至定植以保持地面见干见湿为宜，对于秧苗生长迅速、根系比较发达、吸水能力强的蔬菜，应严格控制浇水；对于秧苗生长比较缓慢、育苗期间需要保持较高温度和湿度的蔬菜，水分控制不宜过严。

3. 覆土 大部分幼苗出土后，撤去地膜，及时撒盖湿润细土，填补缝隙，并防止种子"戴帽"出土。

4. 光照管理 幼苗生长期间应有充足的光照，常用改善光照条件的措施有：经常保持采光面的清洁；做好草苫的揭盖工作；及时间苗或分苗；低温季节连阴天气也要揭苫见光，并进行人工补光。

5. 施肥管理 营养土育苗苗期一般不追肥。当幼苗出现缺肥现象时，应适当追肥，以叶面肥为主，主要有0.1%～0.2%尿素、0.1%～0.2%磷酸二氢钾、0.2%～0.3%过磷酸钙、0.5%左右的复合肥等。

6. 分苗 一般分苗1次，果菜类蔬菜宜在2～3叶期进行。

选晴天分苗。起苗时尽量多带土，并将幼苗分级栽植。低温期适宜采用暗水分苗法，即按行距开沟、浇水，按株距摆苗，水渗下后覆土封沟，栽完一沟后，再按同样方法栽植下一沟。高温期适宜采用明水分苗法，即按行株距栽苗，全床栽完后统一浇水。

7. 炼苗 一般在定植前7～10d进行，逐渐降温，最后使育苗床的温度接近定植地块的温度。用容器育苗，定植前2～3d挪动容器，重新摆放，以切断伸入土中的根系，同时增加钵与钵之间的空隙，防止徒长。用普通苗床育苗，炼苗前需要按苗将育苗土切块。切块前一天将苗床浇透水，第二天用刀在秧苗的株行间把床土切成方土块，深度10cm左右。切块后，以湿润细土弥缝保墒进行炼苗。

任务6　无土育苗技术

【教学要求】掌握蔬菜无土育苗基质选择与配制技术、营养液配制技术、播种技术、苗期温度调控技术、施肥与灌溉技术。

【教学材料】常用育苗基质、肥料、种子、育苗容器、温度计以及相应生产设备与工具等。

【教学方法】在教师的指导下,让学生以班级或分组参加蔬菜无土育苗实践。

蔬菜无土育苗一般流程如下:

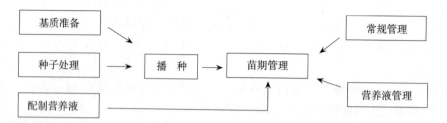

基质准备 一般将2~3种有机基质与无机基质按照一定比例混合后使用。例如,冬春季育苗基质配方可选用草炭∶蛭石=2∶1,或草炭∶蛭石∶平菇渣=1∶1∶1;夏季育苗可选用草炭∶蛭石∶珍珠岩=2∶1∶1。每立方米加入三元复合肥1~2kg。

育苗前对基质进行消毒。基质消毒后装盘。黄瓜、西瓜可选用50孔或72孔穴盘;番茄、茄子可选用72孔穴盘,青椒、甘蓝可选用128孔穴盘,芹菜、生菜可选用288孔或392孔穴盘。

■ 相关知识

蔬菜无土育苗应选用通气性良好、保水能力强、不含有毒物质、酸碱度适中、质地紧密不易散坨、护根效果好的材料作基质。可作为育苗基质的材料有很多,有机基质有草炭、花生壳(糠)、炭化稻壳、玉米芯、锯木屑、醋糟、蔗渣、椰糠、食用菌类废料、河塘泥等;无机基质有珍珠岩、蛭石、炉灰渣、沙等。

1. 配制营养液 育苗用营养液配方有简单配方和精细配方两种。

(1)简单配方。主要是为蔬菜苗提供必需的大量元素和铁,微量元素则依靠浇水和育苗基质来提供,参考配方见表5-3。

表5-3 无土育苗营养液简单配方

营养元素	用量(mg/L)	营养元素	用量(mg/L)
四水硝酸钙	472.5	磷酸二铵	76.5
硝 酸 钾	404.5	螯 合 铁	10
七水硫酸镁	241.5		

(2)精细配方。是在简单配方的基础上,加进适量的微量元素(表5-4)。

表5-4 无土育苗营养液精细配方

营养元素		用量(mg/L)	营养元素	用量(mg/L)
大量元素	四水硝酸钙	472.5	大量元素	磷酸二铵	76.5
	硝酸钾	404.5		螯合铁	10
	七水硫酸镁	241.5			

(续)

营养元素		用量（mg/L）	营养元素		用量（mg/L）
微量元素	硼酸	1.43	微量元素	五水硫酸铜	0.04
	四水硫酸锰	1.07		四水钼酸铵	0.01
	七水硫酸锌	0.11			

（3）其他配方。除上述两种配方外，目前生产上还有一种更为简单的营养液配方。该配方是用氮磷钾复合肥（N-P-K 含量为 15-15-15）为原料，子叶期用 0.1％浓度的溶液浇灌，真叶期用 0.2％～0.3％浓度的溶液浇灌，该配方主要用于营养含量较高的草炭、蛭石混合基质育苗。

2. 营养液管理 出苗后，如缺水，可浇清水，保持基质湿润。当第 1 片真叶长出以后或分苗缓苗后，开始喷灌营养液，初期浓度宜低，次数宜少，随着幼苗的生长，浓度可适当提高，并增加次数。高温季节，每天喷水 1～3 次，每 3～5d 喷 1 次营养液；低温季节，每 2～3d 喷 1 次水，每 7d 左右喷 1 次营养液。

3. 其他管理 种子处理、播种以及苗期常规管理部分参照前面有关部分进行。

任务 7　嫁接育苗

【教学要求】 掌握靠接和插接的技术环节以及嫁接苗管理要点。
【教学材料】 蔬菜苗、双面刀片、竹签、嫁接夹、育苗钵、育苗盘等。
【教学方法】 在教师的指导下，让学生以班级或分组参加蔬菜嫁接育苗实践。

嫁接操作 蔬菜嫁接主要有靠接法、插接法和劈接法 3 种，各嫁接法的操作要点如下：

（1）靠接技术。以黄瓜为例。嫁接时幼苗的形态指标：砧木苗 2 片子叶展开；黄瓜苗 2 片子叶展平，第一片真叶出现。插接法，砧木苗第一片真叶与 2 分或 5 分硬币相同大小；黄瓜苗 2 片子叶展平，第一片真叶冒出至展平前。一般黄瓜较南瓜提早播种 5～7d。

黄瓜靠接技术流程如下：

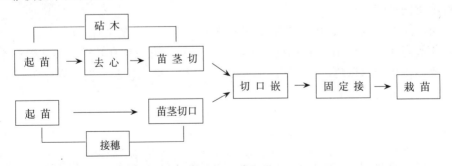

①起苗。黄瓜苗和黑籽南瓜苗均应在叶面上无露水后开始起苗。瓜苗上露水未干时起苗，叶面和苗茎容易被泥土污染，并携带病菌。

起苗时要尽量多带宿土（尤其是南瓜苗要多带宿土），保护根系，减少根系的受损伤程度。如果床土偏干旱不利于起苗，要于起苗前一天把苗床浇透水。起苗时要把大、小苗分开来放，使黄瓜与南瓜的大苗与大苗相配对、小苗与小苗相配对，以提高嫁接速度和嫁接质量，也有利于嫁接后的栽苗，并可减少瓜苗损耗，提高瓜苗的利用率。起出的苗最好放入一盆或纸箱内，上用湿布覆盖保湿。

每次的起苗数量不宜太多，以免来不及嫁接时发生萎蔫。一般每次的起苗数以30~40株为宜。

②砧木苗茎削切。用刀尖切除瓜苗的生长点（也可以用竹签挑除生长点），然后用左手大拇指和中指轻轻把两片子叶合起并捏住，使瓜苗的根部朝前、茎部靠在食指上。右手捏住刀片，在南瓜苗茎的窄一侧（与子叶生长方向垂直的一侧），紧靠子叶（要求刀片的入口处距子叶不超过0.5cm），与苗茎成30°~40°的夹角向前削一长0.8~1.0cm的切口，切口深达苗茎粗的2/3左右。切好后把苗放在洁净的纸或塑料薄膜上备用。

③黄瓜苗茎削切。取黄瓜苗，用左手的大拇指和中指轻轻捏住根部，子叶朝前，使苗茎部靠在食指上。右手持刀片，在黄瓜苗茎的宽一侧（子叶着生的一侧），距子叶约2cm处与苗茎成30°左右的夹角向前（上）削切一刀，刀口长与黑籽南瓜苗的一致，刀口深达苗茎粗的3/4左右。

④切口嵌合。瓜苗切好后，随即把黄瓜苗和黑籽南瓜苗的苗茎切口对正、对齐，嵌合插好。黄瓜苗茎的切面要插到南瓜苗茎切口的最底部，使切口内不留空隙。

⑤固定接口。两瓜苗的切口嵌合好后，用塑料夹从黄瓜苗一侧入夹，把两瓜苗的接合部位夹牢。

⑥栽苗。嫁接结束后，要随即把嫁接苗栽到育苗钵或育苗畦内。栽苗时，黑籽南瓜苗要浅栽，适宜的栽苗深度是与原土印平或稍浅一些。黄瓜苗距南瓜苗0.5~1.0cm远，栽于南瓜苗旁。黄瓜靠接过程示意图见图5-4。

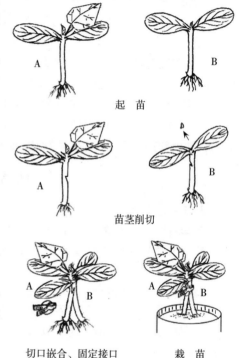

图5-4 黄瓜靠接过程示意图
A. 砧木苗 B. 黄瓜苗

（2）插接技术。以西瓜为例。嫁接时的瓜苗形态：西瓜苗的两片子叶展开，心叶未露出或初露，苗茎高3~4cm。砧木苗的两片子叶充分展开，第一片真叶露大尖或展开至5分硬币大小，苗茎稍粗于西瓜苗，地上茎高4~5cm。一般，砧木较西瓜提早播种3~5d。

西瓜插接技术流程如下：

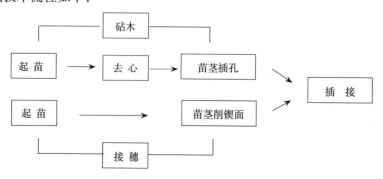

①起苗。砧木苗通常带育苗钵，或在育苗盘中直接嫁接。起苗的具体要求参照黄瓜靠接部分。

②砧木苗茎去心、插孔。挑去砧木苗的真叶和生长点，然后用竹签在苗茎的顶面紧贴一子叶，沿子叶连线的方向，与水平面呈45°左右夹角，向另一子叶的下方斜插一孔，插孔长0.8~1cm，深度以竹签刚好刺顶到苗茎的表皮为适宜。插好孔后，竹签留在苗茎内不要拔出，保湿。

③削切西瓜苗。取西瓜苗，用刀片在子叶的正下方一侧、距子叶0.5cm以内处，斜削一刀，把苗茎削成单斜面形。翻过苗茎，再从背面斜削一刀，把苗茎削成双斜面型。

④插接。西瓜苗穗削好后，随即从砧木苗茎上拔出竹签，把西瓜苗茎切面朝下插入砧木苗茎的插孔内。西瓜苗茎要插到砧木苗茎插孔的尽底部，使插孔底部不留空隙。插接好后随即把嫁接苗放入苗床内，并对苗钵进行点浇水，同时还要将苗床用小拱棚扣盖严实保湿。

西瓜插接法嫁接的具体过程示意图见图5-5所示。

图5-5 西瓜插接过程示意图
A. 西瓜 B. 砧木苗

（3）劈接法。番茄、茄子多采用用劈接法。番茄劈接对砧木苗和接穗苗的标准要求：接穗苗的苗茎粗壮、色深，苗茎高12cm左右，有叶2~3片；砧木苗茎粗壮、色深，苗茎高12~15cm，有叶4~5片，叶片色深、肥厚。一般砧木较番茄提早5~7d播种。

番茄劈接嫁接技术流程如下：

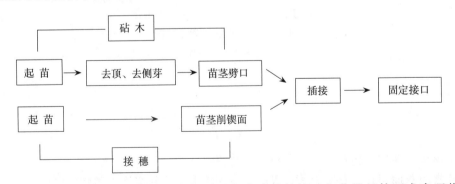

①起苗。砧木苗通常带育苗钵，或在育苗盘中直接嫁接。起苗的具体要求参照黄瓜靠接部分。

②削切接口。砧木苗茎削切：将砧木苗连育苗钵一起从育苗床中搬出，或直接在育苗床内，用刀片将苗茎从第3~4片叶之间横切断，然后在苗茎断面的中央，纵向向下劈切一长1.5cm的接口。

番茄苗茎削切:从育苗床中挖出番茄苗,用刀片在苗茎的第 2~3 片叶间,紧靠第 2 片叶把苗茎横切断,然后用刀片将苗茎的下部削成双斜面形,斜面长 1.5cm 左右。

③插接。把削好的番茄苗接口与砧木的接口对准形成层,插入砧木的切口内。番茄接穗要插到砧木苗茎的切口底部,尽量不留空隙,以避免番茄苗茎切面在砧木苗茎的切口内产生不定根。

④固定接口。插接好番茄苗穗后,随即用嫁接夹夹住嫁接部位。

番茄劈接法嫁接过程如图 5-6。

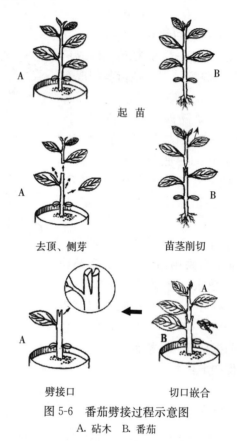

图 5-6 番茄劈接过程示意图
A. 砧木 B. 番茄

相关知识

嫁 接 用 具

蔬菜嫁接主要用具包括刀片、塑料夹、竹签等(图 5-7)。

刀片常用双面刀片、美工刀等,以前者应用较多。塑料夹为专用嫁接夹。竹签主要用于插接,多自制,一般长度以方便操作为度,比嫁接蔬菜茎略细一些,插头长 1cm 左右,分为尖头和圆头两种。

嫁接苗管理 把嫁接好的苗整齐地排入苗床中,边用细土填好钵间缝隙,立即扣棚膜,每排满 1m,即开始灌水,全畦排满后,封好棚膜,白天覆盖草苫遮阴。

嫁接后 3d 内苗床一般不通风,棚内温度,白天保持 26~28℃;夜间保持 18~20℃。湿

3. 化肥 选用优质复合肥、磷肥和钾肥，一般每立方米营养土施入化肥总量为 1～2kg。

4. 农药 主要有多菌灵、福美双、辛硫磷等。一般每立方米营养土施入杀菌、杀虫剂 100～200g。粉剂农药一般用适量的细土拌匀，结合育苗土混拌，混进土里。乳剂农药一般配成水溶液，拌土时用喷雾器喷入土内。

5. 堆置 育苗土均匀后培成堆，上用薄膜封盖严实，让农药在土内充分扩散，进行灭菌、杀虫。7～10d 后，将配制好的育苗土填入苗床，或装入育苗钵内。一般，播种床铺土厚度为 10cm，分苗床铺土厚度 12～15cm。

▌相关知识

营 养 土 配 方

1. 播种床土配方

配方一：园土或大田土 5～6 份、有机肥 4～5 份。

配方二：40％园土、20％河泥、30％腐熟圈肥、10％草木灰。

2. 分苗床土配方 园土或大田土 7 份、有机肥 3 份。

▌练习与作业

1. 在教师的指导下，学生分组进行育苗土配制练习。
2. 总结育苗土配制技术要领以及注意事项。

任务 2 育苗容器的选择

【教学要求】通过学习，掌握设施蔬菜育苗容器的种类及选择方法。

【教学材料】育苗容器。

【教学方法】在教师的指导下，学生比较不同育苗容器的特征及生产应用情况。

蔬菜常用的育苗容器主要有塑料钵、纸钵、穴盘等（图 5-1、图 5-2）。

A B

图 5-1 塑料钵和纸钵

A. 塑料钵 B. 纸钵

1. 塑料钵 塑料钵是一种有底、形似水杯的育苗钵，主要用来培育较大型蔬菜苗。其型号有5×5、8×8、8×10、10×10、12×12、15×15（第一个数代表育苗钵的口径，第二个数代表育苗钵的高度，单位：cm）等几种，主要用于育苗土育苗，可根据蔬菜育苗期的长短及苗子的大小来确定所需要的型号。

2. 纸钵 是用纸手工粘制、叠制或机制的育苗钵。手工制作的纸钵分为纸筒钵和纸杯钵两种，前者多为人工粘制，后者主要是人工叠制而成。机制纸钵多为叠拉式的连体纸钵，平日叠放起来易于保存和携带，使用时拉开成多孔的纸盘。纸钵多用于育苗土育苗，定植时带纸将苗栽入地里。

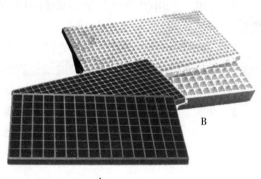

图5-2 育苗穴盘
A. 聚氯乙烯穴盘 B. 聚苯泡膜穴盘

3. 穴盘 是用聚苯乙烯、聚苯泡膜、聚氯乙烯和聚丙烯等为原料，经过吹塑或注塑而制成的带有许多个规则排列穴孔的育苗盘。按穴孔的大小和数量不同，穴盘一般分为72穴、128穴、288穴、392穴等多种。穴盘的自身承重能力差，易断裂，并且单穴的容积比较小，用育苗土育苗时，容易干旱，主要用于蔬菜无土育苗中。

练习与作业

1. 在教师的指导下，学生分组进行简易育苗容器制作练习。
2. 在教师的指导下，学生分组进行各育苗容器装土练习。
3. 总结各育苗容器装土技术要领以及注意事项。

任务3 种子处理

【教学要求】通过学习，掌握设施蔬菜种子常用处理技术。
【教学材料】蔬菜种子以及种子处理用具等。
【教学方法】在教师的指导下，让学生以班级或分组进行蔬菜种子浸种、催芽和消毒处理。

种子处理的一般流程如下：

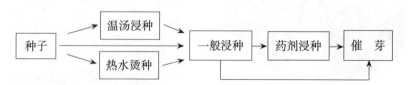

1. 浸种 一般用20～30℃的水浸泡种子到指定的时间（表5-1），一般浸种水量为种子量的5～6倍。浸种前要把种子充分淘洗干净，浸种过程中要勤换水。

种子带有病菌时，可先用50～60℃的温汤浸种10～15min，再继续用20～30℃的水浸泡到指定的时间。对西瓜、葫芦类种皮坚硬、吸水困难的种子，可先用75～85℃的热水快

度保持在 90%～95%。3d 后视苗情，以不萎蔫为度，进行短时间少量通风，以后逐渐加大通风。放入苗床后的 3～5d 内，晴天早、晚要揭去草苫，使苗子见散射光，其余时间盖好草苫遮阴。

嫁接苗以接穗长出新叶为成活的标志，一周后接口即可愈合。靠接法嫁接后 10d 左右，从嫁接部位下将茎部切断，使接穗与砧木共生。断茎后，将断茎从土里拔出。

嫁接苗成活后的管理同常规蔬菜育苗法。

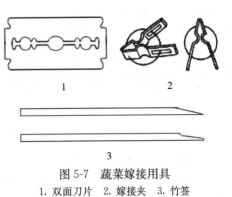

图 5-7 蔬菜嫁接用具
1. 双面刀片 2. 嫁接夹 3. 竹签

相关知识

砧木与接穗的选择

1. 砧木选择　砧木首先必须具备与接穗有较好的嫁接亲合力；其次是根据不同的嫁接目的选用具有特殊性状的砧木。主要蔬菜嫁接用砧木：黄瓜砧木主要有黑籽南瓜、杂种南瓜、白籽南瓜等；西葫芦主要砧木为黑籽南瓜；西瓜主要砧木有瓠瓜、土佐系列南瓜等；厚皮甜瓜主要砧木有野生甜瓜、杂交南瓜等；番茄主要砧木有托鲁巴姆茄、湘茄砧 1 号、LS-89、耐病新交 1 号、斯克番（skfan stock）、BF 兴津 101 等；茄子主要砧木有赤茄、托鲁巴姆、青茄、角茄等。

2. 接穗选择　培育健壮的接穗苗，使其具有较强的生活力。壮苗生活力强，嫁接成活率就高；反之，弱苗、徒长苗则不易成活。

模块二　设施花卉育苗技术

任务 1　常规育苗

【教学要求】了解蔬菜育苗土配制的理论与技术。
【教学材料】蔬菜育苗土配制常用材料与用具等。
【教学方法】在教师的指导下，让学生以班级或分组进行育苗土配制实践。

播种繁殖即通过播种种子来繁殖花卉苗木，是设施花卉育苗的主要方法之一。基本操作流程如下：

1. 基质准备　育苗基质一般选用草炭、蛭石、珍珠岩等，按草炭：蛭石：珍珠岩＝1：1：1 或草炭：蛭石：珍珠岩＝2：1：1 比例混合，基质中按比例混入一定量的烘干鸡粪。基

质配置好后，装入育苗钵或育苗盘中备播种。

2. 种子处理 主要包括种子消毒、浸种、催芽等处理，可参照蔬菜部分进行。

对一些不易发芽的种子，在浸种催芽前应做以下处理：

（1）种皮坚硬，不易吸水萌发的种子，可采用刻伤种皮和强酸腐蚀等方法处理。

（2）休眠期比较长的种子，可用低温或变温的方法，也可用激素（如赤霉素）处理打破休眠。

（3）多数木本花卉的种子需要做沙藏处理。部分草本花卉的种子也需要经过沙藏处理。

3. 播种 温室中的花卉，一般长年都可以播种，可以根据用花时间调节播种期。如早花瓜叶菊，其生育期大120～150d，若元旦至春节期间用花，则可在8月下旬播种；若"五一"用花，则可以在12月初播种。

一般育苗钵和育苗盘采用点播，育苗畦播种小粒种子时，多采用撒播或条播法播种。把营养土浇透后播种。播种后用细土或基质覆盖种子，覆土厚度0.2～1.5cm。矮牵牛、蒲包花、柳穿鱼、大岩桐、毛地黄等一般覆土0.2cm左右；鸡冠花、石竹、麦秆菊、瓜叶菊等覆土0.5cm左右；凤仙花、蜀葵、大丽花、百日草、观赏南瓜、仙客来、金盏菊等大、中粒种子覆土1.2～1.5cm。

覆土后用地膜盖在育苗盘或播种床上，保温保湿。

4. 苗期管理 播种后到出苗前，土壤要保持湿润，浇水要均匀，不可使苗床忽干忽湿，或过干过湿。种子发芽出土后，除去覆盖物，进行通风和光照管理。待真叶出现后，宜施淡肥一次，之后定期浇水和施肥管理。基质育苗后期，要结合浇水施入适量的三元复合肥补充营养。

幼苗长出1～2片真叶时，要进行间苗。间苗后浇水。待幼苗长出4～5片真叶时，进行分苗或移栽。

任务2 嫁接育苗

【教学要求】了解蔬菜育苗土配制的理论与技术。

【教学材料】蔬菜育苗土配制的常用材料与用具等。

【教学方法】在教师的指导下，让学生以班级或分组进行育苗土配制实践。

1. 砧木和接穗的选择 砧木要求生命力强，能很好地适应当地的环境条件，与接穗有较强的亲和力，能保持接穗的优良性状，种源丰富，能够容易地获得大量幼苗。接穗选择品种纯正，发育正常的营养枝。

2. 嫁接方法

（1）枝接法。以带芽的嫩枝作为接穗进行嫁接。多在春季或秋季休眠期进行，而早春接穗的芽开始萌动时为最适期。枝接的主要方法有靠接、切接和劈接3种。

①靠接：选双方粗细相近的枝干平滑的侧面，各削去枝粗的1/3～1/2，削面长5～7cm。将双方切口的形成层密接，用塑料条捆好。待二者接口愈合后，剪断接口下端的接穗母株枝条，剪去砧木的上部，即成为一新的独立苗木（图5-8）。

②切接：选粗1cm左右的砧木，在距土面3～5cm处剪断，选光滑的一侧，略带木质部垂直下切，深度为2～3cm；接穗长5～10cm，带2～3芽，在接穗下部自上向下削一长度与

砧木切口相当的切口，深度达木质部，再在切口对侧基部削一斜面；将接穗插入砧木切口内，捆缚，并埋土或套塑料袋（图5-9）。

③劈接：将砧木在距土面5cm左右处剪断，由中间垂直向下切，深2～3cm；接穗基部由两侧削成楔形，切口长度与砧木的切口相当；将接穗插入砧木切口内，使二者外侧的形成层密接，捆缚，埋土。

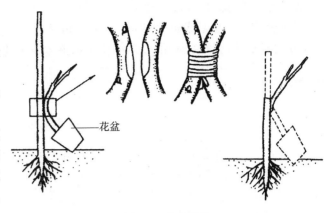

图5-8 花卉靠接

（2）芽接法。是以一个芽为接穗的嫁接方法。北方嫁接多在7～8月生长季进行，接穗选自发育成熟腋芽饱满的枝条，剪取的枝条要立即去掉叶片，保留叶柄，将枝条下部浸入水中，或用湿毛巾包裹短期贮存于冷凉的地方备用。砧木多选用1～2年生的实生苗。常用的芽接方法有：

①"T"形芽接法：在砧木北侧，选距地面3～5cm的光滑处横切一刀，长1cm左右，深达木质部，再在切口中间向下划一刀，形成"T"形。在接穗的枝条上，用"三刀法"切取宽0.8cm、长1.5cm左右的盾形芽片，将芽片放入砧木切口内，使二者上切口对齐，捆缚（图5-10）。

②"方块"形芽接法：适用于皮层较厚的植物。接穗为边长1.5cm左右的方形芽片，在砧木的嫁接位置做一个印痕，取下相同大小的一块树皮，再将接穗放入，捆缚。

③带木质部芽接法：适用于接穗不离皮或春季芽接，具体操作与"T"形芽接法相近，只是接穗带少量木质部而已。

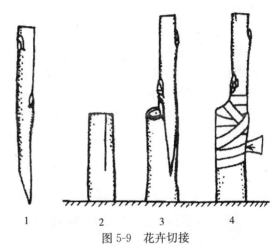

图5-9 花卉切接
1. 削接穗 2. 劈砧木 3. 对齐形成层 4. 包缠接口

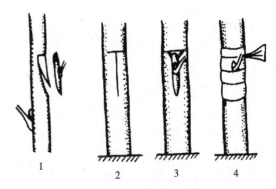

图5-10 "T"形芽接
1. 取芽 2. 切砧 3. 装芽片 4. 包缠接口

3. 嫁接后管理 枝接20d左右，芽接7d以后，检查是否成活。枝接者接穗新鲜饱满，甚至芽已萌动者，表示已经成活；芽接者芽片新鲜，叶柄一触即落，表示已经成活，再过

15d后，可以松绑。枝接苗成活后，接穗上的两个芽可同时萌发生长，待长至5~10cm高时，选留其中1个健壮者进行培养。芽接苗成活后，于翌年早春芽萌动前，将砧木自接芽上方1cm处剪断。所有的嫁接苗，要随时除去由砧木萌生的蘖芽，为接穗生长创造良好的环境。

相关知识

仙人掌类的嫁接

嫁接方法多用平接（对口接）和劈接，整个生长季均可进行。

平接用于柱状或球形种，将砧木在选择的高度横切，切口的大小要考虑接穗的体量，二者维管束要有部分密接。然后用细线纵向捆绑，相邻两条线间距离要相等，用力要均匀，使砧穗密接，但亦不可用力过大，损伤砧、穗组织（图5-11）。

嫁接蟹爪兰、仙人掌等多用劈接法，砧木可选用三棱箭、仙人掌或叶仙人掌，接穗选生长健壮的植株，可含1~3个茎节，将下面的一个茎节，两侧各削一刀，切口长约1cm；在砧木顶端垂直下切或在砧木的一侧向斜下切，深约1cm，

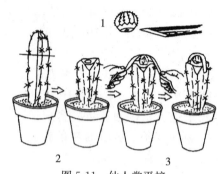

图5-11　仙人掌平接
1. 接穗　2. 切砧　3. 接合固定

然后将接穗插入切口内，接穗可用仙人掌的硬刺固定，一般不必捆绑。

任务3　扦插育苗

【知识目标】熟悉并掌握设施园艺作物的扦插技术环节。

【能力目标】与实际生产相联系，掌握生产中常用的扦插育苗技术。

扦插是营养繁殖的一种方法。营养繁殖是利用植物营养器官（如根、茎、叶等）的再生能力而进行的繁殖。

1. 扦插方法　由于取材不同，扦插方法可分为以下几种。

（1）枝插。即剪花卉植物的茎干枝条作为扦插材料。可分为硬枝扦插（休眠枝扦插）和嫩枝扦插（绿枝扦插）两种。

硬枝扦插一般在春季或秋季休眠期进行，取生长健壮的一年生枝条，剪成长10cm左右，带2~3个芽的插穗，上剪口在芽上0.5cm左右，下剪口在芽附近。插入基质深度为插穗长度的1/2~1/3，插后覆盖塑料薄膜保持湿润。

嫩枝扦插在生长季进行，多选在6~7月的雨季，选取组织充实的当年生枝，剪截成7~10cm的插穗，上部可保留2~3枚叶片，若叶片面积大，可以剪去每枚叶片的1/4~2/3。插入基质深度为插穗长度的1/3~1/2，扦插时要求插床或塑料薄膜密封保湿扦插床。

（2）叶插。用叶片作扦插材料。许多温室花卉可用叶插法繁殖，如根茎类的秋海棠、非洲紫罗兰、大岩桐、豆瓣绿、虎尾兰等。如虎尾兰，叶片较长，可剪截成5~10cm长的叶段，将生长方向的下端插入基质，便可分化幼小的新株。

（3）根插。根段能产生不定芽的温室花卉，可用根插法繁殖。一般在休眠期挖取粗

0.5~2.0cm 的根，剪成长 5~10cm 的根段，平埋于基质中，待长出不定芽后，便可上盆或行温室地栽。

2. 扦插苗管理

（1）温度。草本花卉和嫩枝扦插的插床的适宜温度为 20~25℃，基质的温度略高于气温（2~4℃），对插穗生根有利。

（2）湿度。以茎、叶为插穗时，应保持空气相对湿度在 90% 以上，土壤含水量 60% 以上。可采用间歇喷雾法，提高和保持插穗周围空气和扦插基质的湿度。

（3）光照和遮阴。扦插生根前，用遮阴材料将光遮去 1/2~2/3，待插穗生根后，逐步恢复正常光照。

（4）空气。扦插介质疏松透气性好，对插穗生根有利。

模块三 设施果树育苗技术

任务 1 扦插育苗

【教学要求】了解蔬菜育苗土配制的理论与技术。
【教学材料】蔬菜育苗土配制常用材料与用具等。
【教学方法】在教师的指导下，让学生以班级或分组进行育苗土配制实践。

适合扦插繁殖的果树，常见的有无花果、石榴、菠萝、醋栗、越橘、猕猴桃、葡萄等。果树扦插繁殖与花卉扦插一样，也分为枝插、叶插和根插 3 种，以枝插为主。枝插又分为硬枝扦插和绿枝扦插，以硬枝扦插应用普遍。扦插育苗成功的有葡萄、猕猴桃、穗醋栗等，其中应用最广泛的是葡萄。其关键技术流程如下：

选枝 → 贮藏 → 剪裁 → 催根 → 扦插 → 管理

（1）插条选择。一般在果树落叶后选择生长健壮的一年生枝，将剪下的枝条截成长 60~70cm，每 50~100 根为一捆，置于阴凉处贮藏。

（2）插条贮藏。贮藏方法分为窖藏和沟藏。先在地面铺垫 5cm 左右的湿沙，然后铺放一层插条捆，再铺撒 4~5cm 的湿沙，并要填满插条间的空隙，之后一层插条捆，一层湿沙，最上层插条铺撒 10cm 湿沙，盖上一层秸秆，最后覆土保温。贮藏期间要求温度 -1~-2℃，沙子湿度不超过 7%~9%。

（3）插条剪裁。扦插前将枝条从窖或沟中取出，按 10~20cm（2~4 芽）长度剪成枝段。上剪口在离芽眼 1.5~2.0cm 处平剪，下端离下端芽眼 1.0cm 处斜剪，可剪削成马耳形或平剪，剪口的斜面与芽眼相对。

（4）催根。用 50~100mg/kg 的萘乙酸溶液，浸泡插条基部（3~4cm）12~24h；或用 ABT 生根粉 100~300mg/kg 溶液，浸泡插条基部（3~4cm）4~6h。

（5）扦插。催根处理后的插条，在土温（15~20cm）稳定在 10℃ 以上时做畦或起垄，覆盖地膜后扦插。插条斜插于土中，地面留 1 个芽，然后灌水，待水渗下后，顶芽上覆土（河沙与土混合）3~4cm 即可。

（6）管理。扦插后到插条下部生根，上部发芽、展叶，新生的插条苗能独立生长时为成活期。该阶段管理的关键是水分管理，苗圃地扦插要上足底水，当苗木独立生长后，除继续保证水分供应外，还要追肥、中耕、除草及防治病虫害。

任务2 嫁接育苗

【教学要求】了解蔬菜育苗土配制的理论与技术。
【教学材料】蔬菜育苗土配制常用的材料与用具等。
【教学方法】在教师的指导下，让学生以班级或分组进行育苗土配制实践。

果树嫁接育苗分为普通嫁接和嫁接扦插两种方式，普通嫁接育苗技术与花卉嫁接基本相同，可参考进行。本任务重点学习和掌握果树嫁接扦插育苗技术。

嫁接扦插育苗技术是先在室内进行果树嫁接，然后进行扦插，目前在葡萄苗木繁殖上应用最为广泛。

1. 砧木和接穗准备　结合冬剪采集砧木和接穗，砧木年龄1～2年均可，接穗多用一年生枝，剪成长50～60cm，每50～100支捆成一捆，捆好后加上标签，注明品种名称，以防混杂。然后于窖内贮存或户外沟藏，窖内贮藏时要注意防止芽眼干枯或霉烂。

2. 嫁接　多在4月上、中旬嫁接，嫁接前将砧木枝条剪成长约20cm，下部在节下1～2m处剪成斜茬，上部在节上5～8cm处剪成平茬，放在水中浸泡1d。接穗一般剪成单芽段，长5～8cm，上端切口在节上0.5～1.0cm外，上下端均剪成平茬。剪后在水中泡数小时，嫁接一般用劈接，也可用切接。

3. 催根　将新鲜而干净的锯末加水拌匀，在火炕、温床的炕面（床面）上铺10cm锯末，再将嫁接好的接条以60°～70°角倾斜摆好，接条间留有空隙，摆一排接条撒一层锯末，高度以盖住嫁接部位，露出顶芽为宜，最后再以湿锯末覆盖顶芽，厚2～3cm，以保护顶芽不干。处理期间保持温度25～28℃，发芽后在晴天盖帘子，锯末干燥可喷水，当接口普遍产生愈合组织，基部长出新根时（约1个月）停止加温，并逐渐将床窗全部打开，使嫁接苗降温锻炼5～7d，再进行扦插。

4. 扦插　一般于5月上、中旬地下20cm土温稳定在10～12℃时扦插为宜，扦插可用床插或垄插，垄插较多，垄插可以单行或多行，行距30～40cm，株距20cm，接口与地表平。接条摆好后，先覆盖一半土将接条盖好，然后灌水，待水渗入后培土，厚度以盖住芽眼以上3cm为宜。

5. 管理　接条扦插后，嫩梢出土前，注意检查，及时将露出土面的接条用湿土盖好，以免风干，苗木生长期注意抹芽、夏剪、断浮和搭架，苗木每株留一蔓，于8月下旬摘心。

练习与作业

1. 认真观察日光温室的各部分结构，并绘制结构图。
2. 调查当地温室的主要类型以及生产应用情况。

单元小结及能力测试评价

设施育苗主要有设施蔬菜育苗、设施花卉育苗和设施果树育苗。蔬菜常规育苗包括育苗土配制技术、育苗容器选择技术、种子处理技术、播种技术和苗期管理等环节，无土育苗技术和嫁接育苗技术是设施蔬菜育苗的主要技术。设施花卉育苗技术主要分为常规育苗技术、嫁接育苗技术和扦插育苗技术。设施果树育苗技术主要有扦插育苗技术和嫁接育苗技术。

实践与作业

1. 在教师的指导下，学生进行设施蔬菜、果树和花卉育苗实践。并完成以下作业：
（1）总结设施主要蔬菜育苗技术要领。
（2）总结设施主要花卉育苗技术要领。
（3）总结设施主要果树育苗技术要领。

单元自测

一、填空题（40分，每空2分）

1. 蔬菜育苗土要选用不含育苗蔬菜_____的田土、大蒜田土等，捣碎、捣细，充分暴晒后，_____备用。
2. 蔬菜常用的育苗容器主要有_____、_____、_____等。
3. 蔬菜播种深度一般为种子厚的_____倍，小粒种子覆土_____cm，中粒种子1.5～2cm，大粒种子_____cm左右。
4. 蔬菜育苗出苗前温度要高，果菜类保持_____℃，叶菜类_____℃左右。
5. 种子处理内容主要有_____、_____、_____等处理。
6. 果树和花卉枝接的主要方法有_____、_____和_____3种。
7. 硬枝扦插一般在春季或秋季_____进行，取生长健壮的_____枝条，剪成长10cm左右，带_____个芽的插穗，插入基质深度为插穗长度的_____，插后覆盖塑料薄膜保持湿润。

二、判断题（24分，每题4分）

1. 用药粉拌种时，药粉的重量一般为种子重量的2％左右。（　　）
2. 无土育苗一般将2～3种有机基质与无机基质按照一定比例混合后使用。（　　）
3. "方块"形芽接法较适用于皮层较厚的木本植物。（　　）
4. 枝插分为休眠枝扦插和绿枝扦插两种。（　　）
5. 草本花卉和嫩枝扦插的插床的适宜温度为20～25℃。（　　）
6. 插条贮藏方法分为窖藏和沟藏两种。（　　）

三、简答题（36分，每题6分）

1. 简述蔬菜苗期管理技术要点。
2. 简述蔬菜无土育苗营养管理要点。
3. 简述蔬菜靠接技术要点。
4. 比较花卉不同扦插方法特点与应用。
5. 比较花卉靠接、切接和劈接的特点与应用。
6. 以葡萄为例，简述果树嫁接扦插育苗技术要点。

能力评价

在教师的指导下，学生以班级或小组为单位进行风障畦、阳畦、电热温床、塑料小拱棚、塑料大棚和日光温室的结构类型与应用调查实践。实践结束后，学生个人和教师对学生的实践情况进行综合能力评价。结果分别填入表5-5和表5-6。

表5-5 学生自我评价表

姓名			班级		小组	
生产模块			时间		地点	
序号	自评任务			分数	得分	备注
1	学习态度			5		
2	资料收集			10		
3	工作计划确定			10		
4	无土栽培技术实践			15		
5	蔬菜设施育苗实践			20		
6	果树设施育苗实践			15		
7	花卉设施育苗实践			20		
8	指导生产			10		
合计得分						
认为完成好的地方						
认为需要改进的地方						
自我评价						

表5-6 指导教师评价表

指导教师姓名：_____ 评价时间：_____年_____月_____日 课程名称_____

生产模块：

学生姓名： 所在班级：

评价任务	评分标准	分数	得分	备注
目标认知程度	工作目标明确，工作计划具体结合实际，具有可操作性	5		
情感态度	工作态度端正，注意力集中，有工作热情	5		
团队协作	积极与他人合作，共同完成工作模块	5		
资料收集	所采集材料、信息对工作模块的理解、工作计划的制定起重要作用	5		
生产方案的制订	提出方案合理、可操作性、对最终的生产模块起决定作用	10		
方案的实施	操作的规范性、熟练程度	45		
解决生产实际问题	能够解决生产问题	10		
操作安全、保护环境	安全操作，生产过程不污染环境	5		
技术文件的质量	技术报告、生产方案的质量	10		
合计				

信息收集与整理

收集园艺设施蔬菜、花卉和果树育苗新技术或新设备的应用情况,并整理成论文在班级中进行交流。

资料链接

1. 中国温室网:http://www.chinagreenhouse.com
2. 中国园艺网:http://www.agri-garden.com
3. 中国花卉网:http://www.china-flower.com
4. 中国果树网:http://www.zgbfgsw.com
5. 中国蔬菜网:http://www.veg-china.com/
6. 寿光蔬菜种苗网:http://www.sgzmw.com/

单元六　园艺设施的应用

引　例

园艺设施主要应用于进行蔬菜、果树和花卉等园艺植物的无土栽培。由于蔬菜、果树和花卉之间的生物学特性以及生产特性有明显的差异，因此，三类植物的设施种植技术也存在着较大的差异，需要分门别类地进行学习。

本单元主要学习无土栽培方法选择、栽培基质与营养液的配制与管理；学习典型蔬菜、果树和花卉的设施栽培形式、种植时期、品种选择与要求、栽培管理流程与要求、采收标准等。通过学习，熟练掌握无土栽培技术要领；掌握黄瓜、番茄、西葫芦、茄子和辣椒育苗技术、田间管理技术和采收技术等；掌握温室葡萄、油桃、草莓的苗木培育技术、田间管理技术以及果实采收技术等；掌握非洲菊、仙客来、一品红、百合和红掌的主要繁殖技术、田间管理技术以及包装与贮运技术等。

模块一　园艺植物无土栽培

【教学内容】园艺植物无土栽培方式的选择、无土栽培准备、主要管理技术。
【关键技术】营养液配制技术、基质混合与消毒处理、营养液使用与管理技术。

任务1　无土栽培方式的选择

【教学要求】掌握园艺植物无土栽培主要形式及特点。
【教学材料】视频、栽培现场等。
【教学方法】在教师的指导下，让学生通过视频和现场教学了解无土栽培的主要方式及特点。

1. 无基质栽培　无基质栽培是指除育苗采用固体基质外，秧苗定植后不用固体基质的栽培方法。

（1）营养液膜水培（NFT）法。将植物种植于浅薄的流动营养液中，根系呈悬浮状态以提高其氧气的吸收量。生产上一般采用简易装置进行生产。简易装置的具体施工方法如下：将长而窄的黑色聚乙烯膜沿畦长方向铺在平整的畦面上，把育成的幼苗连同育苗块按定植距离成一行置于薄膜上，然后将膜的两边拉起，用金属丝折成三角形，上口用回形针或小夹子固定，营养液在塑料槽内流动（图6-1）。该栽培方式主要适宜种植莴苣、草莓、甜椒、番茄、茄子、甜瓜等根系好气性强的作物。

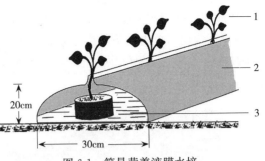

图 6-1 简易营养液膜水培
1. 秧苗　2. 黑色薄膜　3. 营养液膜

（2）深液流水培（DFT）法。该法一般采用水泥砖砌成的种植槽或泡沫塑料槽，在槽上覆盖泡沫板，泡沫板上按一定间距固定有定植网筐或悬杯或定植孔，将植物种植在定植网筐或悬杯定植板的定植杯中，植株根系浸入营养液中，营养液一般深度 5～10cm。利用水泵、定时器、循环管道使营养液在种植槽和地下贮液池之间间歇循环，以满足营养液中养分和氧气的供应。该水培法的营养液供应量大，适宜种植大株型果菜类和小株型叶菜密植栽培。

另外，观赏花卉常用的玻璃缸或塑料瓶水培法也属于深液流水培法，其采取定期更换营养液法来保持营养液新鲜和营养供应，每次注入的营养液量较大（图6-2）。

图 6-2　深液流水培的常见形式
A. 矮生蔬菜密集水培　B. 观赏植物玻璃缸水培
C. 矮生蔬菜密集水培　D. 观赏植物密集水培

（3）浮板毛管水培（FCH）法。该法是在深液流法的基础上，在栽培槽内的液面上放置一块泡沫板，板的上面铺一层扎根布，植物的根系扎入扎根布内，营养液滴浇到扎根布上（图6-3）。栽培系统由栽培床、贮液池、循环系统和控制系统四大部分组成。该法的植物根系不浸入营养液内，氧气供应充足，不容易发生烂根现象，较适合于株型较大、根系好气的植物无土栽培。

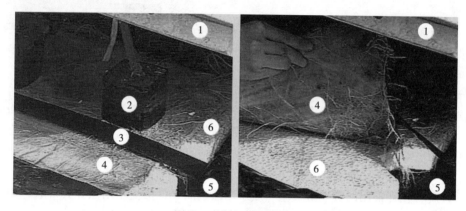

图6-3 浮板毛管水培法
1. 泡沫盖板 2. 育苗块 3. 滴灌带
4. 扎根布 5. 栽培槽内的营养液 6. 漂浮泡沫板

（4）雾培。又称气培或雾气培。将植物根系悬挂在栽培槽内，根系下方安装自动定时喷雾装置，间断地将营养液喷到蔬菜根系上（图6-4）。目前，雾培多用于叶菜、矮生花草等的观赏栽培。

2. 基质栽培　将蔬菜种植在固体基质上，用基质固定蔬菜并供给营养。固体基质栽培方法比较多，按基质的装置形式不同分为袋培法、槽培法和岩棉培法等。

（1）袋培法。用一定规格的栽培袋盛装基质，蔬菜植株种植在基质袋上，采用滴灌系统供营养液（图6-4）。袋培法受场地限制较小，并且容易管理，适合于种植大型植株。

图6-4 袋培法

（2）槽培法。用一定规格和形状的栽培槽，在槽内种植蔬菜等，用滴灌装置向基质提供营养液和水。槽培法的栽培槽一般宽20～48cm，槽深20cm左右。槽培法的栽培槽规格可根据生产需要进行调整，因此适应范围广，各类园艺植物均可选用槽培法栽培。

（3）岩棉培法。岩棉是一种用多种岩石熔融在一起，喷成丝冷却后粘合成的疏松多孔、可成型的固体基质。一般将岩棉切成一定大小的块状，外部用塑料薄膜包住。种植时，将塑料薄膜切开一种植穴，栽植小苗，并用滴灌系统供给营养液和水（图6-5）。

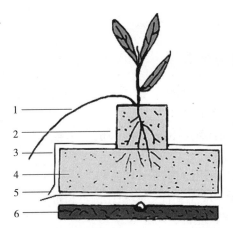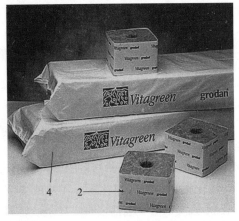

图 6-5　岩棉栽培

1. 滴灌管　2. 岩棉育苗块　3. 黑白薄膜　4. 岩棉栽培垫　5. 出液口　6. 泡沫板

岩棉栽培法以育苗块为栽培单位，适合种植大株型作物。

（4）有机营养栽培。该技术利用河沙、煤渣和作物秸秆作为栽培基质，生产过程全部使用有机肥，以固体肥料施入，灌溉时只浇灌清水。操作管理简单，系统排出液无污染，产品品质好，能达到中国绿色食品中心颁布的"AA级绿色食品"的标准。

练习与作业

调查当地园艺植物无土栽培主要形式，并对生产应用情况进行评价。

任务2　无土栽培的准备

【教学要求】掌握栽培基质混合与消毒、营养液配制等相关技术。

【教学材料】蛭石、珍珠岩、秸秆等常用基质；基质消毒用农药与用具；营养液配制所用无机盐、工具等。

【教学方法】在教师的指导下，让学生以班级或分组进行基质混合与消毒、发酵处理，以及营养液配制操作。

1. 基质混合　基质混合以2～3种混合为宜，常用的基质混合配方和比例见表6-1。

表6-1　常用基质混合配方

序号	配方及比例	序号	配方及比例
1	蛭石：珍珠岩＝2：1	6	蛭石：锯末：炉渣＝1：1：1
2	蛭石：沙＝1：1	7	蛭石：草炭：炉渣＝1：1：1
3	草炭：沙＝3：1	8	草炭：蛭石：珍珠岩＝2：1：1
4	刨花：炉渣＝1：1	9	草炭：珍珠岩：树皮＝1：1：1
5	草炭：树皮＝1：1	10	草炭：珍珠岩＝7：3

干草炭一般不易弄湿，可加入非离子湿润剂，每40L水中加50g次氯酸钠，能湿润1m³的混合基质。

相关知识

栽培基质的种类

1. 有机基质 主要包括草炭、锯末、树皮、炭化稻壳、食用菌生产的废料、甘蔗渣和椰子壳纤维等,有机基质必须经过发酵后才可安全使用。

(1) 草炭。富含有机质,保水力强,但透气性差,偏酸性,一般不单独使用,常与木屑、蛭石等混合使用。

(2) 棉籽壳(菇渣)。种菇后的废料,消毒后可用。

(3) 炭化稻壳。稻壳炭化后,用水或酸调节 pH 至中性,体积比例不超过 25%。

2. 无机基质 主要包括岩棉、炉渣、珍珠岩、蛭石、陶粒等。

(1) 岩棉。由 60% 的辉绿岩、20% 石灰石和 20% 的焦炭混合后,在 1600℃ 的高温下煅烧熔化,再喷成直径为 0.005 mm 的纤维,而后冷却压成板块或各种形状。岩棉在栽培的初期呈微碱性反应,可在使用前经渍水或少量酸处理。

(2) 珍珠岩。容重小且无缓冲作用,孔隙度可达 97%。珍珠岩较易破碎,使用中粉尘污染较大,应先用水喷湿。

(3) 蛭石。透气性、保水性、缓冲性均好。

(4) 沙。来源广,易排水,通气性好,但保持水分和养分能力较差。一般选用 0.5~3mm 粒径的沙粒,不能选用石灰质的沙粒。

(5) 炉渣。炉渣颗粒大小差异较大,且偏碱性,使用前要过筛,水洗,用直径 0.5~3mm 的炉渣进行栽培。

2. 基质处理 有机基质在使用前要进行发酵处理,无机基质在重复使用前,要对基质作消毒处理。

(1) 发酵处理。对有机基质作发酵处理,除了对基质灭菌外,还能够防止有机物在地里发酵导致烧根。下面以作物秸秆、稻壳发酵为例,介绍有机基质发酵的技术要点。

①作物秸粉发酵。

A. 配方:作物秸秆、炉渣、菇渣、纯粪。一座 50m 长的温室一般需要准备玉米秆 40m³,鸡粪和牛粪各 2m³、菇渣 2m³。

B. 技术要点:主要流程如下:

```
                混入有机肥    混入化肥、农药、炉渣
                    ↓              ↓
   选 地 → 秸秆粉碎 → 发 酵 → 闷 堆
```

一般于 5~7 月份温暖季节里进行发酵。选向阳、地势较高的地方,最好是水泥地面,在地面上发酵时,最低层要覆上薄膜与土壤隔离;将鸡粪和牛粪粉碎均匀掺入粉碎的玉米秆(长 2cm 的小段,发酵前用水浸湿)中,稀鸡粪可直接泼浇其中,将料堆成 1.5m 高垛,上盖棚膜;发酵期间每 7~10d 翻料 1 次,并根据干湿程度补足水分,待秸秆散发出清香味时将其与菇渣混合;7d 后将发酵好的有机发酵料与炉渣按比例(一般为 7∶3)进行混合,并加入磷酸二铵 11.50kg/m³、硫酸钾复合肥 0.50kg/m³、90% 敌百虫晶体原粉 20g/m³、20%

多菌灵可湿性粉剂 $20g/m^3$，掺和均匀后再堆闷 3d，即制成栽培基质。

②稻壳发酵。

A. 配方：稻壳约 1t，尿素 4kg，米糠 10kg。

B. 技术要点：主要流程如下：

将稻壳加湿，按 1t 物料加水 500kg，浸泡后使物料水分含量达到 60%~65%，然后堆积成高度不超过 2m，占地面积不超过 $50m^2$ 的堆，盖上棚膜，保温、保湿；24h 后，把 4kg 尿素兑 50kg 水，制成尿素水，均匀地泼洒在稻壳堆中；12h 后，将 2kg 金宝贝微生物发酵助剂混拌在 10kg 米糠中，予以充分"稀释"后均匀地撒在稻壳堆内；当发酵温度达到 65~70℃，并持续 36h 后，进行第一次翻堆，之后再翻倒几次，直到发酵全部完成。

(2) 消毒处理。无机基质消毒处理的方法主要有蒸汽法、化学药剂法和太阳能消毒法 3 种。

①蒸汽法。基质的含水量 35%~45%。将基质堆成 20cm 高，长度依地形而定，全部用防水耐高温的布盖住，通入蒸汽，在 70~90℃灭菌 1h。

②化学药剂法。常用的化学药剂有甲醛、高锰酸钾、氯化苦、威百亩和漂白剂等，对基质进行熏蒸。因对环境污染较大，现已较少使用。

③太阳能消毒法。在温室、塑料大棚内地面或室外铺有塑料膜的水泥平地上将基质堆成高 25cm、宽 2m 左右、长度不限的基质堆。在堆放的同时喷湿基质，使其含水量超过 80%，然后覆膜密闭温室或大棚，暴晒 10~15d，中间翻堆摊晒 1 次。

3. 栽培槽加工与放置 永久性栽培槽多用水泥预制，或用砖石作框，水泥抹面防渗漏，也有用铁片加工成形的。临时性栽培槽多以砖石作框，内铺一层塑料薄膜防漏，也有用木板、竹片、塑料泡沫板等作框的，或在地用土培成槽或挖成槽，内铺一层塑料薄膜防渗漏。

为避免栽培过程中受土壤污染，栽培槽应与地面进行隔离；为保持栽培槽底部积液有一定的流动速度，设置栽培槽时，进液端要稍高一些，两端保持 1/60~1/80 的坡度。立体栽培槽上、下层槽间的距离应根据栽培的蔬菜高度确定，一般为 50~100cm。

4. 营养液的配制

(1) 营养液配方。在一定体积的营养液中，规定含有各种营养元素或者是盐类的数量称营养液配方。目前，世界上通用配方主要有日本园艺试验场提出的园试标准配方、日本山崎配方和荷兰斯泰纳配方。

①日本园试通用营养液配方。适合于多种蔬菜（表 6-2）。

表 6-2　日本园试通用营养液配方

	化合物名称	分子式	用量（mg/L）	元素含量（mg/L）
大量元素	硝酸钙	$Ca(NO_3)_2 \cdot 4H_2O$	945	N-112　Ca-160
	硝酸钾	KNO_3	809	N-112　K-312
	磷酸二氢铵	$NH_4H_2PO_4$	153	N-18.7　P-41
	硫酸镁	$MgSO_4 \cdot 7H_2O$	493	Mg-48　S-64

（续）

	化合物名称	分子式	用量（mg/L）	元素含量（mg/L）
微量元素	螯合铁	$Na_2Fe\text{-}EDTA$	20	Fe-2.8
	硫酸锰	$MnSO_4 \cdot 4H_2O$	2.13	Mn-0.5
	硼酸	H_3BO_3	2.86	B-0.5
	硫酸锌	$ZnSO_4 \cdot 7H_2O$	0.22	Zn-0.05
	硫酸铜	$CuSO_4 \cdot 5H_2O$	0.05	Cu-0.02
	钼酸铵	$(NH_4)_6Mo_7O_{12}$	0.02	Mo-0.01

②日本山崎营养液配方。主要适用于无基质的水培，见表6-3。

表6-3 山崎营养液配方* （mg/L）

无机盐类	分子式	甜瓜	黄瓜	番茄	甜椒	茄子	草莓	莴苣
硝酸钙	$Ca(NO_3)_2 \cdot 4H_2O$	826	826	354	354	354	236	236
硝酸钾	KNO_3	606	606	404	606	707	303	404
磷酸二氢铵	$NH_4H_2PO_4$	152	152	76	95	114	57	57
硫酸镁	$MgSO_4 \cdot 7H_2O$	369	492	246	185	246	123	123
螯合铁	$Na_2Fe\text{-}EDTA$	16	16	16	16	16	16	16
硼酸	H_3BO_3	1.2	1.2	1.2	1.2	1.2	1.2	1.2
氯化锰	$MnCl_2 \cdot 4H_2O$	0.72	0.72	0.72	0.72	0.72	0.72	0.72
硫酸锌	$ZnSO_4 \cdot 4H_2O$	0.09	0.09	0.09	0.09	0.09	0.09	0.09
硫酸铜	$CuSO_4 \cdot 5H_2O$	0.04	0.04	0.04	0.04	0.04	0.04	0.04
钼酸铵	$(NH_4)_6Mo_7O_{12}$	0.01	0.01	0.01	0.01	0.01	0.01	0.01

*井水可不用锌、铜、钼等微量元素。

（2）营养液配制。

①母液配制。

A母液：以钙盐为中心。凡不与钙作用而产生沉淀的化合物均可放置在一起溶解。一般包括$Ca(NO_3)_2$、KNO_3，浓缩200倍。

B母液：以磷酸盐为中心。凡不与磷酸根产生沉淀的化合物都可溶在一起，一般包括$NH_4H_2PO_4$、$MgSO_4$，浓缩200倍。

C母液：由铁和微量元素合在一起配制而成，可配制成1 000倍液。

②工作营养液的配制。

方法一、利用母液稀释为工作营养液：在储液池中放入需要配制体积的1/2～2/3的清水；量取所需A母液的用量倒入，开启水泵循环流动或搅拌器使其扩散均匀；量取B母液的用量，缓慢地将其倒入贮液池中的清水入口处，让水源冲稀B母液后带入贮液池中，开启水泵将其循环或搅拌均匀，此过程所加的水量以达到总液量的80%为度；量取C母液，按照B母液的加入方法加入贮液池中，经水泵循环流动或搅拌均匀即完成工作营养液的配制。

方法二、直接称量配制工作营养液：微量营养元素可采用先配制成C母液再稀释为工作营养液的方法，A、B母液采用直接称量法配制。

相关知识

营养液的种类

1. 原液　原液是指按配方配成的一个剂量的标准溶液。

2. 母液　又称浓缩贮备液，是为了贮存和方便使用而把原液浓缩多少倍的营养液。其浓缩倍数是根据营养液配方规定的用量、盐类化合物在水中的溶解度及贮存需要配制的，以不致过饱和而沉淀析出为准。一般浓缩倍数以配成整数值为好，方便操作。母液配制一次，多次使用，便于长期保存和提高工效。

3. 工作液　工作液是指直接为作物提供营养的栽培液。一般根据栽培作物的种类和生育期的不同，由母液稀释而成一定倍数的稀释液，但是稀释成的工作液不一定就是原液。

练习与作业

1. 在教师的指导下，进行基质消毒、营养液配制训练，并图示各技术流程。
2. 总结各技术要点，提出注意事项。

任务3　主要管理技术的应用

【教学要求】掌握无土栽培施肥、灌溉、防倒伏等关键技术操作要点。

【教学材料】视频、无土栽培田等。

【教学方法】在教师的指导下，让学生以班级或分组参加无土栽培管理实践。

1. 营养液施肥

（1）营养液浓度控制。刚定植蔬菜的营养液浓度宜低，以控制蔬菜的长势，使株型小一些。盛果期的供液浓度要高，防止营养不足，引起早衰。以番茄为例，高温期，从定植到第三花序开放前的供液浓度为标准配方浓度的0.5倍（也即半个剂量），其后到摘心前为0.7倍浓度，最后为0.8倍浓度。低温期根系的吸收能力弱，应提高浓度，一般为高温期的1~2倍。

（2）营养液供应量控制。在无土栽培过程中，应做到适时供液和定时供液。基质培时一般每天供液2~4次即可。如果基质层较厚，供液次数可少些；反之则供液次数多些。NFT水培每日要多次供液，间歇供液。作物生长盛期，对养分和水分的需要量大，供液次数应多，每次供液的时间也应长。供液主要集中在白天进行，夜间不供液或少供液。晴天供液次数多些，阴雨天可少些；气温高、光线强时供液多些；反之则供液少些。

2. 有机营养施肥

（1）施肥标准。有机营养无土栽培的施肥指标是：每立方米基质中，肥料内的全氮（N）含量1.5~2.0kg、全磷（P_2O_5）含量0.5~0.8kg、全钾（K_2O）含量0.8~2.4kg。这一施肥水平可为一茬中上产量水平的番茄、黄瓜提供足够的营养。不同有机肥或混合肥，可根据其内的养分含量多少来具体计算出相应的施肥量。

（2）施肥方法。基肥的施肥量一般占总施肥量的25%左右。黄瓜、番茄的参考基肥用量为：每立方米基质中，混入10kg消毒鸡粪、1kg优质复合肥（或1kg磷酸二铵、1kg硫酸钾代替）。此基肥施肥水平一般可保证黄瓜、番茄定植后20d内的生长需肥供应。

追肥的用肥量应占总用肥量的75%左右。一般每隔10~15d追一次肥为宜。适宜的追肥量为：肥料中含全氮（N）量80~150g、含全磷（P_2O_5）30~50g、含全钾（K_2O）50~180g。追肥时，从一边揭开地膜，将肥均匀地撒到植株的根系附近，离开根茎5~10cm远，然后重新盖好地膜。下次追肥时，从另一边揭开地膜，将肥施到蔬菜的另一边。施肥后应浅松一次表层基质，将肥混入基质中，减少有机肥中的氨气挥发，并增加肥料与蔬菜根系的接触面积，有利于根系对养分的吸收。

3. 水灌溉　固体有机营养无土栽培浇清水即可。定植前要浇透水，使栽培基质和有机肥充分吸水湿透。以后每次的浇水量以达到基质最大持水量的90%左右为宜，尽量不要浇透水，以减少基质中的养分随水流失量。栽培期间要视天气情况和蔬菜的生长情况进行浇水，始终保持栽培基质的含水量70%以上，也即基质表面见湿不见干。为减少水分蒸发，并防止基质内滋生绿藻等，定植蔬菜后，应用黑色塑料薄膜将整个栽培槽面覆盖严实。

4. 防倒伏　无土栽培植物根系浅，地上茎叶发达，容易发生倒伏。因此，对种植象黄瓜、番茄等高架植物，要及早用支架、吊绳等固定茎蔓，防止倒伏。

相关知识

营 养 液 管 理

1. 营养液浓度的调整和管理　营养液在使用过程中，应随着浓度的升高或降低，及时补充水分或无机盐，方法如下：

（1）根据硝态氮的浓度变化进行调整。测定营养液中硝态氮的含量，并根据其减少量，按配方比例推算出其他元素的减少量，然后计算出肥料用量并加以补充，保持营养液应有的浓度和营养水平。

（2）根据营养液的水分消耗量进行调整。根据作物水分消耗量和养分吸收量之间的关系，以水分消耗量推算出养分补充量，对营养液进行调整。

（3）根据营养液的电导率变化进行调整。生产上也可采用较简单的方法来管理营养液。具体做法是：第一周使用新配制的营养液，第一周末添加原始配方营养液的一半，第二周末把营养液罐中所剩余的营养液全部倒入，从第三周开始重新配制营养液，并重复以上过程。

2. 营养液的pH调整　营养液pH的适宜范围为5.5~6.5。每吨营养液从pH7.0调到pH6.0所需酸量为：98%硫酸（H_2SO_4）100mL，63%硝酸（HNO_3）250mL，85%磷酸（H_3PO_4）300mL，63%硝酸（HNO_3）：85%磷酸（H_3PO_4）体积比为1∶1的混合酸245mL。

3. 营养液温度管理　夏季液温不超过28℃，冬季不低于15℃。冬季温度偏低时，可在贮液池中安装电热器或电热线，配上控温仪进行自动加温。

4. 营养液含氧量调整　夏季营养液往往供氧不足，可通过搅拌、营养液循环流动、化学试剂制氧、降低营养液浓度等措施提高含氧量。

练习与作业

1. 在教师的指导下，进行无土栽培关键技术训练，并图示各技术流程。

2. 总结各关键技术要点，提出注意事项。

模块二　设施蔬菜生产

【教学内容】黄瓜、番茄、茄子、辣椒、辣椒温室栽培技术。

【关键技术】黄瓜、番茄、茄子和辣椒的育苗技术、整枝技术、肥水管理技术、采收技术；黄瓜、番茄的落蔓和吊蔓技术；番茄、茄子、辣椒的保花技术等。

任务 1　黄瓜栽培技术

【教学要求】掌握温室、塑料大棚黄瓜生产流程与一般技术。

【教学材料】温室、大棚黄瓜以及生产用具、农资等。

【教学方法】在教师的指导下，让学生以班级或分组参加温室、塑料大棚黄瓜生产管理。

黄瓜，也称胡瓜、青瓜，属葫芦科植物。黄瓜品种类型较多，营养丰富，结果早产量高，容易栽培，适应性强，广泛分布于我国各地，为温室和塑料大棚的重要栽培蔬菜之一（图6-6）。

1. 茬口安排　塑料大棚春茬栽培一般在当地晚霜结束前30～40d定植，定植后35d左右开始采收，供应期60d左右；秋茬一般在当地初霜期前60～70d播种育苗或直播，从播种到采收55d左右，采收期40～50d，由此可以确定各地适宜的播种期。温室黄瓜茬口安排见表6-4。

2. 品种选择　冬春栽培应选择耐低温，耐弱光，抗病，瓜码密，单性结实能力强，瓜条生长速度快，品质佳，商品性好的品种。春季栽培应选择耐低温又耐高温、耐弱光、坐瓜节位低，主蔓可连续结瓜且结回头瓜能力强的品种。秋冬栽培应选择耐热又抗寒、抗病性强的中晚熟品种。

图6-6　黄　瓜

表6-4　我国北方地区日光温室黄瓜生产茬口安排

茬　口	播种期（月/旬）	定植期（月/旬）	收获期（月/旬）
秋冬茬	7/上～8/上	直播	10～2
冬春茬	9/下～10/上	10/中～11/中	12～5

3. 育苗

（1）春季育苗。春茬栽培育苗期正值低温季节，应采取增温和保温措施。为了培育壮苗，并使花芽分化良好，可采取大温差育苗，白天最高气温可达到35℃，夜间最低气温13～15℃。定植前7～10d要进行低温炼苗，夜间最低温度可逐渐降低到8～10℃，并适度控水。

(2) 秋季育苗。秋茬栽培可采用直播，也可育苗移栽。播种期和苗期正值高温多雨季节，应注意遮阴、防雨和防虫。育苗时苗龄宜短，一般以不超过20d，幼苗具有2叶1心为宜。

(3) 嫁接育苗。嫁接育苗多选用黑籽南瓜，也可选用白籽南瓜、新土佐等南瓜品种。适宜的嫁接方法主要有靠接法和插接法。黄瓜嫁接苗的苗龄不宜过长，以嫁接苗充分成活，第三片真叶完全展开后定植为宜。

4. 定植

(1) 整地施肥。定植前深翻地，结合深翻地每667m² 施腐熟有机肥4 000～5 000kg，搂平耙细。

(2) 起垄。起高畦，畦高10～12cm，畦宽80cm，畦上起两个小垄，垄间距离40cm。

(3) 定植。定植在晴天上午进行。定植时每667m² 穴施磷酸二铵10～15kg、硫酸钾20kg，与土拌匀后栽苗。按株距25cm栽苗，底水要浇足，水渗后封埯，栽苗不宜过深，以土坨与垄台齐平为准。嫁接苗不要将嫁接点埋入土壤中，以免影响嫁接效果。

5. 田间管理

(1) 温度管理。定植后为加速缓苗，地温应保持在15℃以上，白天气温保持在25～30℃，夜间保持在20～22℃。缓苗后，白天保持温度25～30℃，夜间14～15℃。控制灌水，不干不浇，促进根系生长。结果期白天保持25～30℃，前半夜15～20℃，后半夜13～15℃。低温期注意夜间防寒保温，节能日光温室要及时拉上二层幕，在日落前要盖上草苫、保温被等。并根据植株长势，调整反光膜的高度和角度，使反射的光能照到植株的中部。高温期应采取遮光降温措施，防止温度过高。秋季栽培温度明显下降时，应及时扣盖好薄膜保温。

(2) 水肥管理。根瓜开始采收后，进入结瓜盛期，每667m² 追硝酸铵10kg，硫酸钾10kg，选择晴天上午结合灌水追肥，根据摘瓜量的多少，一般20～30d追肥一次。根据天气状况和土壤水分蒸发情况7～10d灌一次水，始终保持土壤湿润，空气湿度和温度过高时，放顶风降温排湿。

(3) 植株调整。5～6片真叶期，开始爬蔓，应及时吊蔓，防止茎蔓相互缠绕影响生长。一般在每行黄瓜的正上方南北向拉1道粗铁线，铁丝中部距地面2m左右。用塑料绳吊蔓，绳上端拴在铁线上，下端拴在子叶下方，注意不要绑的过紧，防止把接口处拉断。生产上也可在定植行南北两端拉上底线固定好，把吊绳绑在底线上。瓜蔓伸长后开始吊蔓，把瓜蔓缠到吊绳上。

嫁接黄瓜砧木上易萌发侧枝，应及早摘除。随着植株生长要及时吊蔓，发生侧蔓也应摘除，以免遮光影响光照。顶端黄瓜的生长点如果顶到棚膜，或超过上部的拉线，应进行落蔓。落蔓方法：落蔓前，剪掉底部老化黄叶；松开铁线上端的蔓，在中午茎蔓软化时轻轻落下，落到适当高度，拴牢固定，下部茎蔓在地面盘绕，上部茎蔓继续缠蔓生长。

底部超过30d以上的叶片，即为老化叶，已不具备功能叶片的作用，结合植株调整植株及时摘除，防止感染病害。卷须及一部分雌花也应摘除，把养分集中在瓜条上。

(4) 二氧化碳施肥。冬春黄瓜栽培，进入结瓜期后，于早晨揭开保温被或草苫后应及时进行二氧化碳施肥，使浓度达到1 500～2 000μL/L，应持续施肥30d以上。二氧化碳施肥后，根系活力减弱，应加强水肥管理，增产幅度可达30%以上。

6. 收瓜

（1）采收标准。黄瓜采收标准是瓜条显棱，瓜色鲜亮，顶花带刺，瓜条长一般15～18cm。黄瓜根瓜要尽早采收，以防坠秧。结瓜前期因温度低，生长慢，可以隔3～4d采收一次。随着外界气温升高，肥水治理的加强，每隔2～3d采收一次。到盛果期，天天凌晨采收一次。

（2）采收方法。采收宜于清晨进行，要轻拿轻放，避免发生机械伤害，顶花带刺。为了提高其商品性采收时最好用剪刀留0.5cm果蒂。最好放于竹筐、木箱或塑料箱中，箱底及周围垫铺席和塑料薄膜，以便销前运输。

■ 练习与作业

1. 在教师的指导下，学生分组参加当地温室、大棚黄瓜生产实践。
2. 总结生产流程和技术要点，并进行生产经验交流。

任务2　番茄栽培技术

【教学要求】掌握温室、塑料大棚番茄生产流程与一般技术。

【教学材料】温室、大棚番茄以及生产用具、农资等。

【教学方法】在教师的指导下，让学生以班级或分组参加温室、塑料大棚番茄生产管理。

番茄别名西红柿、洋柿子，古名六月柿、喜报三元，属茄科植物。番茄果实营养丰富，具特殊风味。可以生食、煮食，也可以加工制成番茄酱、汁或整果罐藏。番茄的品种类型多，适应性强，结果期长，产量高，是全世界栽培最为普遍的果菜之一，也是我国重要的设施蔬菜之一（图6-7）。

1. 茬口安排　温室番茄可常年栽培，以冬春茬栽培为主。主要栽培茬口安排见表6-5。

塑料大棚番茄主要进行春茬、秋茬和全年茬栽培，春茬的适宜定植期为当地断霜前30～50d，秋茬应在大棚内温度低于0℃前120d以上时间播种。

图6-7　番　茄

表6-5　番茄温室栽培季节

季节茬口	播种期（月）	定植期（月）	主要供应期（月）	说　明
冬春茬	8	9	11月至翌年4月	可延后栽培
春茬	12月至翌年1月	2～3	4～6	保护地育苗
夏秋茬	4～5	直播	8～10	
秋冬茬	6～7	8～9	10月至翌年2月	

番茄不宜连作,应与非茄科作物轮作,轮作年限至少 3 年。

2. 品种选择 温室冬春栽培番茄,应选择选用抗病、耐低温、耐弱光、在低温弱光条件下座果率高、果实发育快、果实商品性好的品种。

塑料大棚栽培宜选用早、中熟、耐寒、抗病、结果集中而丰产潜力大的品种。

3. 育苗

(1) 冬春育苗。

①种子处理:先晒种 1~2d,之后用清水浸泡 4~5h;捞出种子后,用 10%磷酸三钠溶液浸种 30min;捞出种子,用清水洗去残留的药剂,沥干水分后,用干净湿纱布包好种子,置于 25~28℃下催芽。催芽期间每天用清水淘洗种子 1~2 次,种子萌芽后播种。

②营养土配制:选取肥沃田土 6 份,腐熟有机粪肥 3 份,以利于在起苗移栽时不散坨。为了增加床土中养分的含量,可以适当的加入些化肥,一般每立方米床土中加入 100g 多菌灵和 1kg 氮、磷、钾复合肥。

③做畦:选好床地后,深翻整地,并铺入配制好的床土,铺床土厚度为:播种床为 8~10cm,移苗床为 10~12cm。

④播种:苗床浇水,水量要足。待水下渗后,均匀撒播,播后覆盖过筛细潮土约 0.5cm。

⑤温度管理:播种后覆盖地膜,并扣盖小拱棚保温。播种初期要保持较高温度,白天控制在 28~30℃,夜间保持 16~18℃。齐苗后通风降温,直到移苗前,白天 20~25℃,夜间 13~15℃,在这段时间,土壤不过干不浇水,如果浇底水不足,幼苗缺水时,也要浇小水,并通过放风排湿。移苗初期要给以较高温度,白天 26~32℃促进地温提高,夜间在 16~18℃,5~6d 就可以缓苗,缓苗后降温,白天控制在 20~25℃,超过 25℃通风降温,夜间保持 12~14℃。

⑥水分管理:见干见湿,浇水后及时通风排湿。

⑦炼苗:定植前 7~10d,加大放风量,降低温度,白天不超过 20℃,夜间降到 5~8℃,锻炼秧苗。

(2) 夏秋育苗。播后在畦外设置小拱棚架,覆盖一层遮阳网(或防虫网),雨天在遮阳网上盖一层防雨膜。1~2 叶时进行疏苗,疏除病苗和弱苗。2~3 叶期分苗,苗距 7~8cm 见方或分苗于育苗钵内。苗期注意补水,并喷 0.2%的硫酸锌和 0.2%的磷酸二氢钾 2 次。此外,为防止幼苗徒长,在 2 叶时可喷洒 1 次矮壮素 500~1 000 倍液。苗龄 30~40d,6~8 叶时定植。

(3) 嫁接育苗。番茄嫁接砧木主要有托鲁巴姆茄、湘茄砧 1 号、LS-89、耐病新交 1 号、斯克番(skfan stock)、BF 兴津 101 等。砧木种子撒播,2~3 叶时移栽到营养钵中,每钵 1 苗,也可直接点播在营养钵中。接穗撒播。

嫁接方法主要有劈接法和靠接法两种,嫁接要求具体参照嫁接育苗部分。

4. 定植

(1) 整地、施肥。每 667m² 施腐熟鸡粪 5~6m³、复合肥 100~150kg,硫酸锌和硼砂各 0.5kg。基肥的 2/3 撒施于地面作底肥,结合土壤深翻使粪与土掺和均匀;其余的 1/3 整地时集中条施。

(2) 做畦。整平地面,做成南北向低畦,畦宽 1.2m,畦内开挖 2 行定植沟,沟距 40~

50cm，沟深 15cm 左右。

（3）定植。起苗前 1~2d 浇 1 次小水，起苗时要带土坨，尽量少伤根。大小分开，去除病苗、劣质苗。按株距 30~33cm，将苗轻放于沟内，交错摆苗，覆土封沟，每 667m² 栽 3 600~4 000株。徒长苗可采用卧栽法。嫁接苗宜浅栽，不宜深栽。整棚栽完后浇足定植水。

5. 田间管理

（1）培垄与覆盖地膜。缓苗后地皮不黏时，开始中耕并培成单行小垄，垄高 10~15cm。两小垄盖一幅 100cm 宽地膜，中间为一浅沟以便膜下灌溉。

（2）温度和光照管理。低温期缓苗期间白天温度 25~30℃，夜间 15~20℃。缓苗后白天 20~28℃，夜间 10~15℃。结果后，上午 25~28℃，下午 25~20℃；前半夜 18~15℃，后半夜 15~10℃。地温不低于 15℃，以 20~22℃为宜。高温期定植后要采取设施遮阴措施，防止高温。

通过张挂反光幕、擦拭薄膜、延长见光时间等措施保持充足的光照。

（3）肥水管理。缓苗后及时浇一次缓苗水，之后到第一层果坐住以前，控水蹲苗。当第一层果有核桃大小或鸡蛋大小时，及时浇水。结果期冬季 15~20d 浇 1 次，春季 10~15d 浇 1 次，高温季节 5~7d 浇一次。冬季宜在晴天上午浇水，并采用膜下暗浇。夏秋季宜在早晚浇水，适当加大浇水量。

当第一层果坐住时，进行第一次追肥。首次收获后，进行第二次追肥，以后每次收获后进行追肥，每次每 667m² 追施尿素 15kg、磷酸二氢钾 3~5kg。生长后期，每 5~7d 叶面喷施 0.1%磷酸二氢钾和 0.1%尿素混合液。

（4）整枝。生产上一般进行单干整枝。单干整枝只保留主干结果，其他侧枝及早疏除。为增加单株结果数，也可保留果穗下的一个侧枝，结一穗果摘心，成为改良单干整枝。

（5）摘心。大架栽培多留 5~6 穗果，中架栽培留 3~4 穗果，在果穗的上方留 1~2 叶摘心。

（6）吊蔓和落蔓。温室番茄在植株上方距畦面 2.0~2.5m 处沿畦方向按行分别拉 2 道 10 号铁丝，每个植株用吊绳捆缚并将植株吊起。吊绳上端用活动挂钩挂在铁丝上，挂钩可在铁丝上移动。随着植株生长，不断引蔓、绕蔓于吊绳上。当植株顶部长至上方铁丝时，及时落蔓，每次落蔓 50cm 左右。

塑料大棚早熟番茄栽培一般采取支架方式，主要架型有单杆架、圆锥架等。

（7）保花保果与疏花疏果。目前普遍应用 2，4-滴和番茄灵（PCPA，防落素）处理。2，4-滴使用浓度为 10~15mg/kg。每千克药液中加入 1g 速克灵或扑海因兼防灰霉病，并加入少许广告色作标记，以防重蘸、漏蘸。一般用毛笔蘸药涂抹花柄。

番茄灵用于喷花，使用浓度为 30~50mg/kg。

有条件的地方，可放熊蜂授粉。在傍晚时将蜂箱带入棚内，1h 内，打开蜂箱两个口，盛花期，一般每 667m² 放 50~80 只熊蜂。

为减少营养的无谓消耗，保证预留花都坐果，每个果都形正个大，还应适时的疏除发育畸形和多余的花、果。

（8）再生措施。中晚熟番茄品种，夏季高温（6 月）来临时，在距地面 10~15cm 处，平口剪去番茄老株。宜选择阴天或者下午气温较低时进行，以免剪口抽干。剪枝后及时浇水，水不要漫过剪口。一周后番茄老株长出 3~5 个侧枝。选留紧靠下部、长势健壮的一个侧枝作为结果枝。

6. 采收

（1）采收标准。在低温情况下，番茄开花后 45~50d 果实成熟，若温度高，则开花后 40d 左右便成熟。依据番茄果实的采收目的不同采收标准不同。

番茄果实的成熟过程一般分为 4 个时期，绿熟期（果实已充分长大，果皮绿色变淡，果肉坚硬）、转色期（果脐已开始变色，采收后经较短时间即可变色）、成熟期（果实大部分着色，已表现出本品种固有的鲜艳色泽，风味最好）、完熟期（果实全部着色、果肉变软、种子成熟）。

青熟期采收，果实坚硬，适于贮藏或远距离运输，但含糖量低，风味较差。番茄果实采收时间一般在转色期和成熟期。但由于环境条件不利于果实着色，特别是第一、二穗果，为加速转色和成熟，可采用人工催熟。

（2）采收方法。采收时间宜在早晨或傍晚温度偏低时进行。采收时或带一小段果柄或不带。

樱桃番茄同穗果上果实成熟有先后，应分批采收，采收在果实转色期进行，采收时要保留萼片和一小段果柄。将果实分级后装入食品盒或包装箱内待售。

▌练习与作业

1. 在教师的指导下，学生分组参加当地温室、大棚番茄生产实践。
2. 总结生产流程和技术要点，并进行生产经验交流。

任务3　温室辣椒栽培技术

【**教学要求**】掌握温室辣椒生产流程与一般技术。

【**教学材料**】温室辣椒以及生产用具、农资等。

【**教学方法**】在教师的指导下，让学生以班级或分组参加温室辣椒生产管理。

辣椒，又称番椒、海椒、辣子、辣角、秦椒等，是茄科辣椒属植物。辣椒属为一年或多年生草本植物。辣椒的果实中维生素 C 的含量在蔬菜中居第一位，具有较高的营养保健功效。辣椒品种类型丰富，果实颜色、形状、大小差异明显，除了做一般蔬菜栽培外，还作为设施观赏蔬菜、彩色蔬菜被广泛栽培，是重要的温室栽培蔬菜之一（图6-8）。

图6-8　辣　椒

1. 辣椒主要栽培茬口

（1）温室冬春茬。多在 8 月播种育苗，10 月移栽，冬春季收获。若采用修剪再生措施，收获期可延后至翌年秋季。

（2）温室早春茬。冬季播种育苗，早春移栽。以春季早熟栽培为主，也可越夏恋秋栽培成为全年一大茬。

(3) 温室秋冬茬。夏秋季播种育苗，秋季移栽，晚秋到深冬收获。

2. 品种选择 宜选用耐寒、耐弱光、生长势强、坐果能力强、抗病、丰产、味甜或微辣的品种，如中椒2号、中椒7号、陇椒1号、津椒3号等品种。彩色辣椒品种可选择麦卡比、白公主、紫贵人、红英达等。

3. 育苗

(1) 配制育苗土。采用容器育苗。育苗土的肥、土用量比例为5∶5，每立方米土内再混入氮磷钾复合肥1kg左右，另加入多菌灵100～200g，辛硫磷100～200g。把肥、土和农药充分混拌均匀，并过筛。

(2) 种子处理。晒种1～2d。用55～60℃热水浸种15min后，再用清水浸泡12h。用10%磷酸三钠浸种30min，捞出种子稍晾晒后进行催芽。

(3) 播种。一般7月下旬至8月上旬播种，每钵中央点播1～2粒带芽的种子，播后覆过筛细潮土厚约0.5cm。

(4) 苗期管理。夏季育苗播后在畦外设置小拱棚架，覆盖一层遮阳网（或防虫网），雨天在遮阳网上盖一层防雨膜。1～2叶时进行疏苗，疏除病苗和弱苗。苗期注意补水，并喷0.2%的硫酸锌和0.2%的磷酸二氢钾2次。

低温期育苗，播种后覆盖地膜，并扣盖小拱棚保温。白天控制在28～30℃，夜间保持16～18℃。齐苗后通风降温，白天20～25℃，夜间13～15℃。水分管理见干见湿，浇水后及时通风排湿。定植前7～10d，加大放风量，降低温度，白天不超过20℃，夜间降到5～8℃，锻炼秧苗。

苗高20cm，9～11叶时定植。

4. 定植

(1) 整地、施肥。每667m²施入腐熟优质粪肥4～6m³、50kg复合肥，或过磷酸钙50～60kg、硫酸钾20kg。其中2/3铺施翻地后耙平，余下的1/3混匀后集中施入定植沟内。

(2) 起垄做畦。垄作采取大小垄距起垄，每垄1行，大垄距60～70cm，小垄距30～40cm。高畦栽培，畦高15cm左右，畦面宽60～70cm，畦沟宽30～40cm。

(3) 定植。垄作每垄单行，株距30～35cm；畦栽培每畦栽2行苗，畦内行距40cm，穴距30～33cm，每穴2株；彩色辣椒双行或单行定植，行距55～65cm，株距40～60cm。

深度以苗坨与畦面相平为宜，栽后封严定植穴，并覆盖地膜。

5. 田间管理

(1) 温度管理。定植后缓苗阶段要注意防高温，晴天中午前后的温度超过35℃时要通风降温或遮阴降温。缓苗后对辣椒进行大温差管理，白天温度25～30℃，夜间温度15℃左右。开花结果期夜间温度应保持在15℃以上。冬季要注意防寒，最低温度不要低于5℃。来年春季要注意防高温，白天温度30℃左右，夜间温度20℃左右。

(2) 肥水管理。缓苗后应及时浇一次水，促发棵。开花坐果期要控制浇水，大部分植株上的门椒长到核桃大小后开始浇水，结果期间要勤浇水、浇小水，经常保持地面湿润。

缓苗后结合浇发棵水追一次氮肥，每667m²施15kg左右。结果期每10～15d追一次肥，尿素、复合肥与有机肥交替施肥。有机肥要先沤制，浇水时取上清液冲施于地里。

(3) 保花保果。可在花开放时，用25～50mg/L的番茄灵（对氯苯氧乙酸）喷花。大果型品种也可在花开放时，用2,4-滴10～15mg/kg点花柄。有条件的地方，可放熊蜂，在傍晚时将蜂箱带入棚内，1h内，打开蜂箱两个口，盛花期，一般每亩放50～80只熊蜂。

（4）整枝。大果型品种结果数量少，对果实的品质要求较高，一般保留3～4个结果枝；小果型品种结果数量多，主要依靠增加结果数来提高产量，一般保留4个以上结果枝。辣椒整枝不宜过早，一般当侧枝长到15cm左右长时抹掉为宜，以后的各级分枝也应在分枝长到10～15cm长时打掉。

（5）绑蔓。在每行辣椒上方南北向各拉一道10号或12号铁丝。将绳的一端系到辣椒栽培行上方的粗铁丝上，下端用宽松活口系到侧枝的基部，每根侧枝一根绳。用绳将侧枝轻轻缠绕住，使侧枝按要求的方向生长。

（6）再生技术。结果后期，将对椒以上的枝条全部剪除，用石蜡将剪口涂封，同时清扫干净地膜表面及明沟的枯枝烂叶。腋芽萌发并开始生长后，喷施1次30mg/kg的赤霉素。及时抹去多余的腋芽。新梢长至15cm左右时，每株留4～5条新梢，其余剪除。新梢长至30cm时进行牵引整枝，及时剪除植株中下部节间超过6cm的徒长枝。

6. 采收

（1）采收标准。门椒、对椒、下层果实应适时早收，以免影响植株生长。此后一般在果实充分长大、肉变硬后分批分次采收。

彩色甜椒作为一种特菜高档品种，上市时对果实质量要求极为严格，因此，采收不能过早，也不能过迟，最佳采收时间因品种而定。紫色品种在定植后70～90d，果实停止膨大，充分变厚时采收；红、黄、白色品种在定植后100～120d，果实完全转色时采收。

（2）采收方法。采收时用剪刀从果柄与植株连接处剪切，不可用手扭断，以免损伤植株，感染病害。果实采收后轻拿轻放，按大小分类包装出售。

辣椒的枝条十分脆嫩，采收时要防止折断枝条。

练习与作业

1. 在教师的指导下，学生分组参加当地温室辣椒生产实践。
2. 总结生产流程和技术要点，并进行生产经验交流。

任务4　温室茄子栽培技术

【教学要求】掌握温室茄子生产流程与一般技术。
【教学材料】温室茄子以及生产用具、农资等。
【教学方法】在教师的指导下，让学生以班级或分组参加温室茄子生产管理。

茄子古称落苏，茄科茄属植物。茄子营养丰富，经常食用茄子，有降低胆固醇、防止动脉硬化和心血管疾病的作用，还能增强肝功能，预防肝脏多种疾病。茄子具有产量高、适应性强、供应期长的特点，是夏秋季的主要蔬菜，尤其在解决秋淡季蔬菜供应中具有重要作用。茄子品种丰富，设施栽培主要进行普通栽培和观赏栽培（图6-9）。

1. 茄子主要栽培茬口

（1）温室冬春茬。多在8月播种育苗，10月移栽，冬春季收获。若采用修剪再生措施，收获期可延后至翌年秋季。

（2）温室早春茬。冬季播种育苗，早春移栽。以春季早熟栽培为主，也可越夏恋秋栽培成为全年一大茬。

(3) 温室秋冬茬。夏秋季播种育苗,秋季移栽,晚秋到深冬收获。

2. 品种选择 宜选选择优良、抗病、生长势强、抗病、结果能力强、耐寒、分枝性强的中晚熟品种。如丰研1号、黑龙长茄、新黑珊瑚、青选长茄、吉茄1号等。

3. 育苗

(1) 配制育苗土。将田园土、炉渣(或沙子)、大粪干过筛,然后按7:2:1配制。每方培养土加入草木灰15kg,过磷酸钙1kg混匀,装填育苗钵。将育苗钵浇透水后播种,每钵播种1~2粒带芽的种子,播种后覆盖营养土1cm。

图6-9 茄 子

(2) 浸种催芽。用温烫浸种,将种子浸入后立即搅拌,使种子在55℃热水中浸泡15min,待水温降到30℃以下,将浸泡过的种子先用细沙搓去种皮上的黏液,浸泡10~12h,然后种子装在种子袋中放在25~30℃条件下催芽。5~6d可以出齐,催芽期间每天翻动1~2次,并用清水投洗2次。

(3) 播种。将育苗钵浇透水后,每钵中央点播1~2粒带芽的种子,播后覆过筛细潮土厚约0.5cm。播种后覆盖地膜。

(4) 苗期管理。夏季育苗播种后出苗前,为防止高温,可在苗床上方加盖遮阳网、防虫网等,雨天覆盖塑料薄膜防雨。勤通风,气温控制在25~30℃。1~2叶时疏苗,疏除病、弱苗,每容器内留一壮苗。

低温期育苗,播种后覆盖地膜,并扣盖小拱棚保温。白天控制在28~30℃,夜间保持16~18℃。齐苗后通风降温,白天20~25℃,夜间13~15℃。水分管理见干见湿,浇水后及时通风排湿。

幼苗长至6~8叶时定植。

4. 定植

(1) 整地、施肥。每667m² 施腐熟鸡粪5~6m³、复合肥100~150kg、硫酸锌和硼砂各0.5kg。基肥的2/3撒施于地面作底肥,结合土壤深翻使粪与土掺和均匀;其余的1/3整地时集中条施。

(2) 做畦。整平地面,做成南北向低畦,畦宽1.2m。

(3) 定植。在畦内开挖2行定植沟,沟距40~50cm,沟深15cm左右。按株距35~40cm定植,每667m² 栽2 500~3 000株。

5. 田间管理

(1) 温度和光照管理。缓苗期以前密闭升温,保持白天30℃,最高不超过35℃,夜间不低于15℃。缓苗后白天温度20~30℃,夜间15℃以上。阴雪天最低不低于10℃。空气湿度保持在50%~60%。

通过张挂反光幕、擦拭薄膜、及时摘叶、延长见光时间等措施改善光照条件。

(2) 培垄与覆盖地膜。缓苗后地皮不黏时,开始中耕并培成单行小垄,垄高10~15cm。

两小垄盖一幅 100cm 宽地膜,中间为一浅沟以便膜下灌溉。

(3) 水肥管理。定植后 4~5d 浇一次缓苗水。然后控水蹲苗,至坐果前一般不再浇水。当全田半数以上植株上的门茄坐果(瞪眼期)时,蹲苗结束,开始追肥浇水。以后保持土壤湿润。结合浇水,每 667m² 用尿素或硝酸钾 15~20kg 或 666.7m² 施腐熟粪稀 500kg,之后每 10~15d 追 1 次肥,交替追施尿素、硝酸钾、腐熟的有机肥沤制液等。灌水应在晴天上午进行,灌水后放风排湿。进入结果期用 0.1%~0.3%磷酸二氢钾进行根外追肥。

(4) 植株调整。第一次分杈下的侧枝应及早抹掉,留两条一级侧枝结果,以后长出的各级侧枝,选留 2~3 条健壮的结果,进行双干或三干整枝。生长后期将老叶、黄叶、病叶及时摘除。

(5) 保花保果。开花期用防落素 40~50mg/L 喷花,也可用丰产剂二号涂抹花萼、花瓣或喷花。抹花时加入 1 000 倍的速克灵,能防止灰霉病的传播。用 20~30mg/L 的 2.4-滴蘸花、抹花也能有效地防止落花,但不能喷花。

有条件的地方,可放熊蜂,在傍晚时将蜂箱带入棚内,一般每 667m² 放 50~80 只熊蜂。

(6) 再生技术。选择病害轻、缺株少、初夏生长不明显衰败的进行再生栽培。一般在对茄下部剪断,剪截口上涂一层油,防止失水和病菌侵入。

剪截后拔除杂草,连同剪下的茎一起清除室外,并浇一次透水,促新枝生长。新枝萌发前喷药防病。新枝长到 10cm 左右时,每个老干留一新枝结果。新株现蕾时施复合肥 15kg,随后浇水,促新株生长。门茄开花坐果期间不浇水、不追肥。坐果后每 667m² 施复合肥 25kg,开始采收时再追一肥,促进秧果生长。

6. 采收

(1) 采收标准。茄子以嫩果供采收,一般从开花到采收嫩果需 25d 左右。判断茄子的适宜采收期标准是萼片与果实相连处的白色或淡绿色环带已趋于不明显或正在消失。

(2) 采收方法。门茄宜稍提前采收,既可早上市,又可防止与上部果实争夺养分,促进植株的生长和后继果实的发育。雨季应及时采收,以减少病烂果。

茄子宜于下午或傍晚采收。采收的方法是用刀齐果柄根部割下,不带果柄、以免装运过程中互相刺伤果皮。

▌实践与作业

在教师的指导下,学生进行黄瓜、番茄、茄子、辣椒、菜豆等设施生产。完成以下作业:
1. 写出各蔬菜的生产流程。
2. 总结各蔬菜的育苗技术要领、植株调整以及环境控制等技术要领。

模块二 设施果树生产

【教学内容】温室葡萄、油桃和草莓栽培技术。

【关键技术】温室葡萄、油桃、草莓的苗木培育技术、栽植技术、整枝整形和修剪技术、肥水管理技术、温度和光照管理技术、辅助授粉技术、采后管理技术以及果实采收技术等。

任务1 温室葡萄栽培技术

葡萄,又称提子,是葡萄属落叶藤本植物。葡萄外形美观,酸甜可口,营养丰富,是深受人们喜爱的果品。利用温室栽培葡萄，一般比露地栽培可提前 30～50d 成熟，每 667m² 产量 1 500kg 以上，收入可观，经济效益显著（图 6-10）。

1. 品种选择　目前我国北方栽培较多的有京早晶、京亚、京秀、京优、郑州早红、凤凰 51、玫瑰露、玫瑰香、巨峰、8611、坂田胜宝、绯红等。

适合南方设施栽培的品种有京亚、巨峰、先锋、滕稔、京玉、里扎马特、意大利、秋红、瑞必尔、奥山红宝石、森田尼无核、美人指、白玫瑰香、早玛瑙等。

图 6-10　葡　萄

2. 苗木培育

（1）葡萄苗木标准。葡萄一级苗木的标准是：枝蔓长度 20cm、粗度 0.7cm 以上，芽眼 3～4 个以上，根系有 20cm 左右的侧根 6 条以上。

（2）葡萄苗木培育。一年一栽制应提早培育健壮营养袋苗木。一般 5 月上旬前，把充分腐熟的有机肥和土壤混合均匀，装入直径 30cm、高 30cm 的袋中，并将选好的苗木栽到袋内，再把营养袋放在事先挖好的深 40cm 的土池内摆好，灌足水，进行精心露地管理，备用。

3. 栽植技术

（1）栽植密度。一年一栽制，一般采用株行距为 0.5m×1.5m 的单篱架，或大行 2～2.5m，小行 0.5～0.6m，株距 0.4～0.5m 的宽窄行带状栽植或单行栽植双篱壁整枝、南北行栽植的双篱架。

多年一栽制，应适当降低栽植密度，一般可采用株距 0.5～1.0m，行距 2～3m，南北行栽植的单篱架或小棚架，或株距 0.6～0.8m，行距 6m 左右，东西行向栽植的小棚架，为提早丰产，可在设施内栽植床南北两侧各定植一行。

（2）栽植时期。我国北方大部分地区，新建的葡萄设施内，无论一年一栽制还是多年一栽制多在春季 3 月中旬至 5 月上旬进行栽植。而对于已经进行生产的设施内，需要更新栽植时，一年一栽制和多年一栽制，为了保证第二年获得丰产，应在 5 月下旬至 6 月中旬浆果全部采收后，立即拔掉设施内老株，彻底清园，结合深翻增施有机肥的同时，注意清除土壤中残留的各种根段，然后按要求将预先栽植在营养袋中的健壮苗木移到设施内定植，定植时间最迟不得晚于 6 月下旬。

（3）技术要点。一年一栽制定植沟为 40～60cm 深、80～120cm 宽；多年一栽制定植沟深、宽均为 60～80cm。

在沟底填入粗质杂肥、碎草、秸秆等，并加入充分腐熟的有机肥，每 667m² 施 5 000kg 左右，混入 150kg 过磷酸钙，上面填盖地表土，并灌水沉实土壤。待土壤稍干，按株距在定植沟中挖直径 30cm、深 30cm 的栽植穴，把苗木放入穴中，将根系分布均匀，然后逐层培土踩实，使根系下垂 45°角。

定植后立即灌足水。

注意事项

定植前,应对苗木根系进行修剪,然后将苗木的根在 100~150mg/L 萘乙酸溶液中或清水中浸泡 12h,再将苗茎用 5 波美度石硫合剂加 0.1%~0.3% 的五氯酚钠消毒,然后定植。栽植营养袋苗时应去掉塑料袋或编织袋,以免影响根系扩展和苗木生长。

1. 田间管理

(1) 施肥。一般于每年采收后的秋季及早施肥,每 667m² 施入充分腐熟的优质有机肥 4 000kg 左右,同时可增施钙、镁、磷肥 50kg,每株施硼砂 5g。

在苗木新梢长到 30~40cm 时开始,每隔 30~50d 每株追施氮、磷、钾复合肥 50~100g,每次施肥必须结合灌水。生长前期可结合喷药叶面喷施活力素 800~1 000 倍加 0.3% 的尿素,后期可喷施活力素 800~1 000 倍加 0.3% 磷酸二氢钾,每年喷施 3~4 次即可。

(2) 灌溉。

①催芽水:在葡萄发芽前,结合施肥灌足水,一般以 30mm 的水量,反复灌溉 2~3 次,并把设施的门窗紧闭,使其空气湿度能保持在 80% 以上,以利萌芽。

②催花水:进入开花前,当花穗尖散开时,根据当时土壤水分状况,可适量灌 1 次小水,以保证开花顺利进行。开花期不要灌水,以免引起新梢旺长和空气湿度过大,影响授粉受精,造成落花落果。

③催果水:小水勤浇,每周可灌 1 次。进入硬核期每 10~15d 灌水 1 次。浆果成熟期要减少灌水,不旱不灌。后期为了提高果粒含糖量,促进成熟,防止裂果,提高品质,一般要停止灌水。

④采后水:葡萄浆果采收后,一般立即去掉全部棚膜进行重修剪,然后结合施肥灌一次透水,以促进新梢萌发和结果母枝的重新培养。以后,根据植株生长发育需要、自然降雨多少、土壤墒情和施肥需要等,确定灌水时期和灌水量。植株落叶修剪后,灌一次封冻透水,以确保葡萄顺利休眠越冬。

一年一栽制则于浆果采收后,拔掉重栽。

(3) 搭架。葡萄设施栽培采用的架式主要有棚架、单篱架和双篱架。

葡萄日光温室多年一栽制多采用棚架,便于植株和树势控制。建架技术要点:先在温室的东西两侧墙壁上,沿南北方向各架设一根直径 4cm 组的铁管,铁管要与温室的采光屋面近平行,与薄膜屋面的间距至少 60cm 以上。然后,再东西方向牵拉 8~10 号铁线,系在两侧墙壁的铁管上,铁线要每隔 50cm 拉一道,最南端的一道铁线,距温室的前沿至少要留出 1m 的距离,每道铁线都要通过紧线器拉紧,如果温室太长,中间可设立柱支撑铁线,确保架面牢固。亦可利用不同高度的水泥柱按一定的距离搭建倾斜式棚架。

葡萄日光温室一年一栽制多采用篱架,建架技术要点:在南北栽植行两端向东西两侧各距离 40cm 定点设立支柱,单篱架在南北栽植行两端各设立一个立柱即可。立柱固定后,再沿行向在立柱上牵引 8 号铁线 4 道,第 1 道铁线距地面至少 0.6m,其余等距各 0.4m,立柱要上下竖直,以保持双壁上下等距,这样就构成间距为 0.8m 的双篱架。

(4) 整形。

①单臂单层水平形整枝。苗木按 1m 株距定植,萌芽抽枝后,选留 1 个健壮新梢培养成主蔓,待新梢长到 1.5~1.6m 时摘心,摘心后副梢萌发,将基部 50~60cm 的副梢全部抹

除，以上的副梢留 2~6 片叶摘心。冬季修剪时，将主蔓上的副梢全部剪掉，只留 1 条 1.5~1.6m 长的主蔓来年结果。第二年将主蔓从南向北水平绑在距地面高 50~60cm 的第一道铁线上，新梢萌发后，将主蔓基部 60cm 以下的萌发芽眼尽早抹去，60cm 以上的萌发芽眼则隔 1 节留 1 个结果新梢，共留 4~5 个新梢结果，并均匀地将其绑在架面上。冬剪时，在每个结果枝的基部留 2 个芽眼短截。第三年，在每个短结果母枝上留 1~2 个结果新梢结果。冬剪时仍留 2 节短结果母枝下年结果，这样树形就培养形成了。以后按第三年的方法继续培养即可。但在剪留短结果母枝时，应尽量选用近主蔓的健壮结果母枝，以防结果部位上移。如果下部结果母枝较细时，则剪留 1 芽作预备枝，使其形成一个健壮新梢，待下一年冬剪时剪留 2 芽作结果母枝。如果苗木按 2m 的株距定植，则可萌芽后选留 2 个健壮新梢分别培养成两侧的主蔓，使之培养成双臂单层水平形整枝，其方法同上。

②龙干形整枝。龙干形整枝通常分独龙干和双龙干两种整枝形式。在设施栽培中，多采用独龙干整枝。一般苗木按株距 0.5~0.75m 定植。苗木萌发后，选留 1 个健壮新梢培养成主蔓，待新梢长到 2~2.3m 时摘心，除顶端 1~2 副梢长到 50cm 左右摘心外，其余叶腋副梢距地面 80cm 以下的全部抹除，以上的副梢则根据粗度作不同的处理，0.7cm 以上的留 4~5 片叶摘心，细的留 1~2 片叶摘心。二次副梢的处理按上述方法处理。冬季修剪时，将主蔓上的副梢全部剪除，每株只保留 1 个长 2~2.3m 的健壮主蔓结果。第二年，芽眼萌发后，将主蔓距地面 80cm 以下的萌发芽眼全部抹除，从 80cm 处开始，每个主蔓的两侧分别每隔 30cm 左右留 1 个结果新梢结果，每个结果新梢留 1 个果穗。冬剪时，每个结果新枝的基部剪留 2 芽作结果母枝，较弱的结果新枝剪留 1 芽，至此树形基本完成。以后每年继续剪留短结果母枝，并选留 1 个健壮结果新梢结果。在架面尚未布满时，可利用主蔓先端结果新梢作延长枝。延长枝冬剪时剪留长度不宜过长，一般剪留 6~7 节，到架顶为止。

③小扇形整枝。该整枝方式对需要埋土防寒的塑料大棚栽培更为有利。这种整形方式，苗木定植株距多为 1m，也可采用 1.2m。一般苗木萌发后，选留 2 个健壮新梢培养成主蔓，待新梢长到 1.3~1.5m 时摘心，摘心后副梢萌发，将 60cm 以下的副梢全部抹除，60cm 以上的副梢保留 2~6 片叶摘心。冬季修剪时，剪去全部副梢，只留 2 个长 1.3~1.5m、粗 1cm 左右的主蔓结果。第二年，芽眼萌发后，将主蔓基部 50cm 以下的萌发芽眼全部抹去，主蔓 50cm 以上的两侧分别每隔 30cm 左右留 1 个结果新梢结果，每个主蔓保留 4~5 个结果新梢。冬剪时，除主蔓先端各留 1 个 5~7 节的延长枝扩大树冠外，其余部位的结果母枝均留基部 2~3 芽短剪。至此，树形基本完成。这种整枝方式的优点是树形小、成形快，有利于早生长、早期结果、早丰产。

(5) 冬季修剪。冬剪时不要过多强调树形，要因树制宜，除主蔓延长枝根据扩大架面的需要适当长剪外，其他的结果母枝一律采用短梢修剪，即每个结果母枝留 2~3 个芽，留枝数要适当增加一些，即每平方米架面留 10~12 个结果母枝。冬剪时间应在葡萄叶片落完后进行。

(6) 抹芽定梢。一般从萌芽至开花，可连续进行 2~3 次。当萌发新梢能明确分开强弱时，进行第一次抹芽，并结合留梢密度抹去强梢和弱梢以及多余的发育枝、双生枝、三生枝、副梢和隐芽枝，使留下的新梢整齐一致，远近疏密适当。留梢密度，棚架一般每平方米架面可保留 8~12 个，篱架新梢每隔 20cm 左右间距留 1 个。当新梢长到 20cm 左右时进行第二次抹芽，并按照留枝密度进行定梢，去强弱梢，留中庸梢。当新梢长到 40cm 左右时，结合架面整理,再次抹去个别过强的枝梢,并同时进行新梢引缚,以使架面充分通风透光。

(7) 引缚、扭梢。在新梢长到40cm时进行,对留下的弱梢,可不引缚,任其自然生长。对强梢,可先"捋"后引,或将其呈弓形引缚于架面上,以削弱其枝势。

当先萌动的芽新梢长到20cm左右时,将基部扭一下,使其缓慢生长,而晚萌动的新梢经过10~15d生长即可赶上。同时,在开花前对花序上部的新梢进行扭梢,可提高坐果率20%左右。

(8) 新梢摘心。一般在开花前4~7d进行,而对于落花重的品种,以花前2~3d为宜。摘心程度,一般以花序以上留7~8片叶为好,并同时去掉花序以下所有副梢,花序以上的副梢留2~3片叶摘心,以增加摘心效果。而对于营养枝,只摘去新梢先端未展开叶的柔嫩部分。

对于花前摘心的营养枝发出的副梢,只保留顶端1~2个副梢,每个副梢上留2~4片叶摘心,副梢上发出的二次副梢,只留顶端的1个副梢的2~3片叶,反复摘心,其余的副梢长出后应立即从基部抹去。对于摘心后的结果新梢发出的副梢,一般将花序以下的副梢全部去掉,花序以上的副梢疏去一部分,只留2~3个副梢,每个副梢留2~3片叶摘心,副梢上发出的二次副梢、三次副梢只留1片叶反复摘心。到浆果着色时停止对副梢摘心。

(9) 花果管理。一般1个结果新梢留1个花序,生长势弱的结果新梢不留,强壮枝可留2个花序以利增加产量。结合新梢花前摘心,可进行掐穗尖,掐去穗尖的1/5~1/4和疏去副穗。对于落花落果较重的品种,如巨峰、玫瑰香等,应疏去所有副穗和1/3左右的穗尖,每穗留15~17个花穗分枝。

谢花后10~15d,根据产量要求和坐果情况,疏除过多的果穗。一般生长势强的结果新梢可保留2个果穗,生长势弱的则不留,生长势中庸的留1个果穗。谢花后15~20d,根据坐果的情况及早疏去部分过密果和单性果。如巨峰葡萄,每个果穗可保留60个果粒。

在即将开花或开花时,对叶片和花序喷布0.2%硼砂水溶液,可提高坐果率30%~60%。在初花期对主蔓基部进行环剥也能显著提高坐果率,使果穗粒数提高22.43%~30.75%。环剥宽度宜为0.3~0.4cm。

2. 采收技术 一般先从糖度达17度以上、着色好的果穗开始进行分期采收。

采收时应选择晴天早晨或傍晚进行。用采果剪或剪枝剪,一手托住果穗,一手用剪子将果梗基部剪下。为了便于包装,对果穗梗一般剪留4cm左右。剪下的果穗轻轻放入果筐内,注意在采收过程中要轻拿轻放,防止磨掉果粉,擦伤果皮。包装前对果穗再进行一次整理,去掉病果、虫果、日灼果、小粒、青粒、小副穗等。

任务2 温室油桃栽培技术

油桃是普通桃(果皮外被茸毛)的变种。利用薄膜温室栽培油桃是一种新兴的果树反季节设施栽培新方法,它可以控制室内气候,防御自然灾害,促进果实早熟,调节淡季市场,扩大栽培区域,实现增产增收。近几年来,温室油桃栽培在我国东北、华北、西北、西南、中中和华东等地区悄然兴起,并且呈现良好的发展态势,前景广阔(图6-11)。

1. 品种选择 日光温室栽培油桃,要选择果实生育期短、早熟、需冷量少的品种。此外,日光温室油桃品种还应具备果个大、色泽好、外观漂亮、品质优、丰产性好、商品价值高等特点。

适宜品种有五月火、丹墨、千年红、早红霞、早红宝石、新泽西州72、瑞光1号、曙光、艳光等品种。

2. 栽植技术 适宜定植时间在4月中旬（桃树初花前8～10d）。

栽植前平整好温室土地，按行距1m，南北向挖深宽各60cm的栽植沟，每条沟施优质农家肥50～80kg，与表土混匀填入后浇透水沉实。

选择1年生健壮苗木，株距为1m。栽时挖30cm深的栽植穴，每穴施尿素50g，复合肥100g，与土拌匀，定植深度以苗木接口与地面相平为准，栽后灌足水，并覆盖黑色地膜。

3. 田间管理

图6-11 油 桃

(1) 肥水管理。第一次施肥于5月上中旬每株追施尿素50g，一个月后追施磷酸二铵100g，第三次于7月初追施果树专用肥500g。从5月10日开始每隔10～15d喷施1次0.3%尿素加0.3%磷酸二氢钾加0.2%光合微肥。从7月中旬以后要控制肥水，抑制新梢生长，促进成花。

9月上中旬结合深翻扩穴，每株施优质有机肥10～15kg，复合肥500～750g，以提高树体营养贮备。进入结果后每年在施足基肥的基础上，追肥重点是萌芽前每株施尿素100g，坐果后施磷钾复合肥或果树专用肥200g，果实发育期施果树专用肥500g，均采用穴施或沟施。从落花后10～15d开始，叶面喷施2～3次0.2%尿素加0.2%磷酸二氢钾。

结合施肥进行浇水，每次灌水要浇透。在开花期及果实采收前20d严禁灌水。

(2) 整形修剪。靠前面的3行采用开心形整形，定干高度为30cm，后3行采用纺锤形整形，定干高度60～80cm。

当芽萌动后，开心形留10cm整形带，20cm以下萌芽全部抹除。定干剪口下的竞争芽也要抹除。当整形带内的新梢长到25～30cm时，进行摘心处理，促进分枝并加速生长。当副梢长到15～20cm时，再反复摘心2～3次。对过密枝及直立新梢要随时疏除。到7～8月份进行2次拉枝处理，使主枝开张角度达60°～70°。为了促进枝条成熟，增加花芽量，于7月25日以后每隔10～15d，分别喷施300倍、250倍和150倍多效唑，抑制新梢生长。

桃树落叶后扣棚强迫休眠时，开心形选择方位好，开张角度适宜的3～4个枝条作主枝，对过密枝、交叉枝、竞争枝适当疏除。对过长副梢分枝适当短截。在每个主枝上直接培养中、小结果枝组及结果枝。严格控制侧枝及大型结果枝组着生。纺锤形在主干30cm以上选择5～7个着生方位好、开张角度适宜的枝条做主枝，对过密枝、交叉枝、重叠枝、直立枝、竞争枝适当疏除。对主枝长度不足1m的适当短截，超过1m的拉平缓放。对中心干延长枝截留50～60cm。

结果后修剪主要是更新复壮，调节生长与结果的关系，对衰弱结果枝组在健壮分枝处回缩，对强壮枝要拉平、环割，对直立枝、交叉枝、重叠枝等疏除或重短截。保持中心干上主枝分布均匀，结果枝组生长健壮，布局合理，交替进行结果。

(3) 花果管理。

①花期放蜂。在盛花期每栋温室放一箱蜜蜂，为促使蜜蜂出箱活动，可将3%白糖水放置出蜂口，并向树枝喷施糖水，诱蜜蜂出箱授粉。

②人工授粉。在主栽品种授粉前2~3d，在授粉树上采集大蕾期或即将开放的花朵，按常规制粉备用，在上午8~10时授粉，随开随授，花期反复授2~3次。

③疏果。花后15~20d开始疏果，一般16片叶留1个果，果实间距6~8cm。疏去虫果、伤果、畸形果和小果，多保留侧生和向下着生的果实。按枝果比，长果枝留果3~4个，中果枝留果2~3个，短果枝留果1~2个。

(4) 温度管理。

①扣棚降温。当外界气温达到7.2℃以下，开始扣棚降温，一般从每年10月中下旬开始。白天盖草苫，夜间揭开，使棚内温度保持在7.2~-2℃，湿度70%~80%。早熟油桃可于11月下旬开始升温，一般降温时间25~50d。

②升温。果树通过自然休眠后开始升温，每天上午8：30~9：00揭开草苫，下午3：40~4：30放草苫。第一周揭草苫1/3，夜间覆上草苫；第二周揭2/3，第三周后全部揭开草苫，夜间覆上草苫保温。此期间，白天温度控制在13~18℃，夜间5~8℃，湿度保持70%~80%。

开花期白天16~22℃，夜间8~13℃，湿度50%左右，最适温度为15~18℃，夜间7~10℃。果实膨大期白天20~28℃，夜间11~15℃，湿度60%。果实采收期白天22~25℃，夜间12~15℃，湿度60%。

(5) 光照管理。定期清扫棚膜，增加入射光；在后墙挂反光膜；提早揭帘和延晚盖帘；人工补光；加强生长季修剪，打开光路。

(6) 补充气肥。加强通风换气和施用固体二氧化碳气肥，每栋施40kg；有效期90d，一般开花前5~6d施用。

(7) 采收后管理。采收后揭膜放风5~7d后，逐渐撤掉棚膜。撤膜后及时对油桃修剪，剪除过密的背上枝、直立枝、交叉枝、重叠枝及内膛细弱枝，回缩结果枝。剪除后及时进行追肥、灌水2~3次，前期促进生长，7月中下旬后控制生长，适时应用多效唑调节生长与结果的关系，并保护好叶片。

4. 采收技术 桃果不耐贮运，需要成熟度达8成时采收，果实底色由绿转白或乳白，表现出固有底色和风味时采收。日光温室内桃树中部果着色好，成熟早，其他部位果实着色略差，成熟期略晚。

采收后进行分级、包装。可采用特制的透明塑料盒或泡沫塑料制品的包装盒，每盒以0.5~1.0kg为宜。在进行运输贮藏前，先使果实预冷，待果实降至5~7℃后再进行贮运。贮藏适温为-0.5~1℃。

任务3 温室草莓栽培技术

草莓又称红莓、洋莓、地莓等，蔷薇科草莓属多年生草本植物。草莓的外观呈心形，鲜美红嫩，果肉多汁，含有特殊的浓郁水果芳香，营养价值高，是我国重要的草本水果之一。草莓生长期短，对环境要求不严格，易于栽培，适于温室反季节栽培，是温室果树重要的栽培茬口之一（图6-12）。

1. 品种选择 用于冬季或早春棚室栽培的草莓品种，应选择休眠期较短，耐低温并且在低温条件下能正常开花、自花坐果能力强、果个大、果形好、产量高、品质好的品种。优良品种有日本的鬼怒甘、婵姬、希望1号、希望2号、红颊、佐贺、童子1号、金梅等。

2. 栽植技术 一般于8月中旬定植。

草莓具有喜光喜肥、怕涝的特性。因此，栽植前应结合深翻施足基肥，每667m²施优质土杂肥5 000kg，另加适量的三元复合肥，耙碎整平做埂，一般1m远一高畦，畦高20～30cm。

图6-12 草 莓

选壮苗定植，壮苗的标准为根长3～5cm，根系较完整，有3～5片完整的叶片。

每畦栽2行，行距20cm，株距13cm。种植时将苗根颈弓背朝向沟边，并将根系剪去一半，否则会引起苗木本身旺长，开花数量增多，导致果形变小。种植深度是苗心基部与土面相平齐。栽植过深埋住苗心，会引起烂心而死苗，栽植太浅根外露会使苗因失水而干枯，而且影响后期草莓对水肥的吸收。

定植后，立即浇透水，使土壤保持1～2周的湿润状态。

3. 田间管理

（1）覆盖地膜及扣棚。覆盖地膜应在定植后1个月左右进行。覆盖前要彻底清除病叶、黄叶。沿埂纵向覆盖，在每株草莓的位置上用刀或手开1个口，将草莓苗的叶茎从开口处掏出，注意尽量不要伤着叶片，开口要尽可能小，当夜温低于5℃时，开始扣棚。

（2）肥水管理。定植后要及时浇水，发现有缺苗时，要及时补苗。成活后随时浇水，每667m²施尿素10kg（1次），平时随打药可加入0.3%尿素和0.5%的磷酸二氢钾。在开花与浆果生长初期，分别灌水1次。果实膨大期，要及时浇水。否则，会使果变小，着色差。

初花期与坐果初期各追肥1次。每667m²施尿素10kg，磷肥20kg，氯化钾10kg，或三元复合肥35kg。第二年开春后随着气温回升，生产速度加快，为避免草莓果实酸化，应增施钾肥，每667m²施0.3%硫酸钾5kg左右。

秋季多雨时，应及时排水。草莓园四周应早做排水沟道，使棚内畦沟水能排尽。

（3）花期放蜂。人工授粉是用毛笔每天进行拍打，放蜂授粉每棚1箱，要注意蜜蜂移入前1个月不能打药，开花前1周搬进去。另外，棚内补光可大大提高产量和品质，降低畸形果率。

（4）植株管理。草莓苗木定植到长出花蕾止，一般要求保留5～6片叶并保留一芽，对过多老叶及子芽、腋芽要及时摘除，开花结果后摘除基部变黄的老叶、枯叶，及时摘除匍匐茎，以减少消耗。除去小分枝及弱果。适当疏花疏果，做到去高留低，去弱留强。一般每花序梗留果7～9个，以增大果实，提高品质。

（5）温湿度控制。草莓生长最适温度是20～28℃，36℃以上高温与5℃以下低温对草莓生长都不利。一般白天温度控制在25～28℃，不要超过30℃。晚上以7℃为宜。初花期保持25℃，成花期掌握在23℃。

12月下旬到翌年1月底，棚温低于5℃时，应在大棚内设小拱棚，极端低温时应采用三层膜保温。到翌年4月，气温明显回升可拆除大棚两边的围膜，加大通风量，起到降温降湿作用，延长果实的生产期。

草莓花芽分化需较低温度和短日照，可在遮阳网上加盖草苫（草帘）。通过揭与盖草苫的操作过程，人工造成短日照的条件及较低温度，促进顶花序和腋花序的分化，时间有月余。

（6）通风。草莓苗生长的土壤湿度应以70%～80%为宜，棚内空气湿度以60%～70%为好。当棚内气温超过30℃时，应通风，11～12月应于每天10:00～15:00揭开大棚及中棚两头塑膜通风。

当棚内湿度超过70%时，也应通风，以降低棚内空气湿度。花期棚内放养蜜蜂时，可在大、中棚两头另做尼龙丝网，便于顺利通风，防止蜜蜂外逃。

4. 采收技术　草莓从开花到采收要经过35～40d。冬季销售可在八成熟时采收，春季应在七成熟开始采收，以便于运输和销售。

采摘时，要轻摘轻放，用支撑性能较好的周转箱、箩筐等存放，注意不要堆放太厚，以免压伤果实。由于草莓结果期长，要分批分次采收，尽量做到不要漏采。否则，过于成熟将失去商品性。

实践与作业

在教师的指导下，学生进行参加温室葡萄、油桃、草莓生产的实践。并完成以下作业：
（1）总结设施葡萄、油桃、草莓生产技术要领，写出生产流程和注意事项。
（2）总结草莓在温光管理等方面的特殊性。

模块三　设施花卉栽培

【教学内容】

学习掌握非洲菊、仙客来、一品红、百合和红掌的品种选择原则、繁殖方法与技术、定植、田间管理以及采收保鲜等技术。

【关键技术】

非洲菊、仙客来、一品红、百合、红掌要选择适宜的品种、适宜的育苗方式以及合理的肥水管理等；非洲菊、百合、红掌作为切花栽培时，要掌握好鲜花采收期，并且采收后要加强鲜花的保鲜；盆栽花要根据栽培目的进行花期调整。

任务1　非洲菊栽培技术

非洲菊又称扶郎花、灯盏菊，属于菊科非洲菊属的多年生草本花卉，原产南非。非洲菊花色艳丽，给人以温馨、祥和、热情之感，是礼品花束、花篮和艺术插花的理想材料。另外，非洲菊周年开花，适合长途运输，瓶插寿命较长，花期调控容易，切花率高，市场需求量大，具有较高的经济价值，已成为温室切花生产的主要种类之一（图6-13）。

1. 品种选择　应选用生长势旺、抗病能力强、花色鲜艳、花梗挺拔粗壮、切花保鲜期长的重瓣、大花型品种。

窄花瓣型主要品种有佛罗里达、检阅；宽花瓣型品种主要有白明蒂、白雪、基姆、声誉；重瓣花型主要品种有考姆比、粉后等。

2. 育苗 大面积栽培一般进行组培育苗。小面积栽培多采用分株繁殖，通常 3 年分株 1 次，适用于一些分蘖能力较强的非洲菊品种，分株在 4～5 月，把温室促成栽培的老株挖出切分，每株带 4～5 片叶，去掉老根。把新植株根系浸入含有杀菌剂、发根剂的溶液中 30min，另行栽植即可。

育苗用基质一般选用泥炭土、园土、珍珠岩，三者体积比为 5∶3∶2，用 1％的甲醛 40L/m³ 与育苗材料拌和均匀，并用薄膜盖严密闭 1～2d，揭开翻晾 7～10d 后使用。

图 6-13　非洲菊

3. 定植 非洲菊属深根性植物，整地时需要深翻，深度应在 25cm 以上。结合整地，施足基肥，施肥量以每 100m² 圈肥 200kg 或油渣 100kg，加过磷酸钙 10kg，草木灰 100kg 为宜。做成一垄一沟的形式，一般垄宽 40cm、沟宽 30cm。

3 月末至 6 月初为定植最佳时期，选择苗高 11～15cm、4～5 片真叶的种苗。垄作，双行交错栽植，株距 25cm，一般 9 株/m²，不能定植过密。栽植宜浅勿深，根颈露出地表 1.0～1.5cm，用手将根部压实，栽植过深容易引起根颈腐烂。

定植后，在沟内浇一次透水。

4. 田间管理

（1）温、光管理。

①光照。定植后 7～10d，用 70％的遮阳网遮光，成活后加强光照。非洲菊喜温暖、阳光充足、空气流通的栽培环境，但又忌夏季强光，因而栽培过程中冬季光照不足，应增强光照，夏季光照过强适当遮光，并通过遮阳降温，防止因高温引起休眠。

②温度。定植后的 1 个月内，温度应保持在 15℃ 以上，日温保持在 22～25℃，夜温 20～22℃，持续 1 个月。进入旺盛生长期，夜间温度 16～18℃，白天 18～25℃。夏季花期，要注意遮阳及通风降温，冬季花期，注意保温及加温，应防止昼夜温差太大，以减少畸形花的产生。

（2）肥水管理。肥料以氮、磷、钾复合肥为主，氮、磷、钾的比例约为 2∶1∶3，特别在花期，应提高磷、钾肥的施用量，每 100m² 每次用硝酸钾 0.4kg，硝酸铵 0.2kg 或磷酸铵 0.2kg，生长季节应每星期施 1 次肥，温度低时应减少施肥。

新植小苗应适当控水蹲苗，缓苗后，水分应充足，以促进生长；花期浇水时，叶丛中不要积水。浇水时间应在清晨或日落后，棚内相对湿度保持在 80％～85％。

（3）摘叶疏蕾。当叶片生长过旺时，花枝减少，需要适当剥叶，先摘除外层老叶、病残叶。剥叶时应各枝均匀剥，每枝留 3～4 片功能叶。过多叶密集生长时，应从中去除小叶，使花蕾暴露出来。在幼苗生长未达到 5 片叶以上时，应摘除早期形成的花蕾。在开花时期，一般每株着生花数不超过 3 个，以保证主花蕾开花。每年单株在盛花期有健康叶 15～20 片，可月产 5～6 朵花。

5. 采收技术 非洲菊采收适宜时期是花梗挺直、外围花瓣展平，中部花心外围的管状花有2～3轮开放、雄蕊出现花粉时。

通常在清晨与傍晚采收,此时植株挺拔,花茎直立,含水量高,保鲜时间长。采收时不用刀切,用手就可折断花茎基部,自花茎与叶簇相连基部向侧方拉取,分级包装前再切去下部切口1～2cm,浸入水中吸足水分及保鲜液。

6. 保鲜与包装 采收后,应立即插入水或保鲜液中,使之吸足水分。套上塑料袋,保持花型。

用湿贮方法保存,在相对湿度90%,2～4℃温度条件下,可保存4～6d,而干贮仅有2～3d保鲜期。

长途运输时用特制包装盒,各株单孔插放,并用胶带固定,并保湿。国产的非洲菊一般每把10枝,用纸包扎,干贮于保温包装箱中,进行冷链运输。

■扩展知识

非洲菊鲜花保养技术

1. 以刀片斜切基部,插入水中,添加保鲜剂效果更佳。
2. 一般以铁丝缠绕花茎,以矫正花型,但易使花茎受伤,非必要时不缠为佳。
3. 勿直接在花面上喷水,以免长霉。
4. 投入式插花,避免直接碰到瓶底,以利吸水并避免细菌感染。

任务2 仙客来栽培技术

仙客来属于报春花科仙客来属的半耐寒性球根花卉。近年来,我国仙客来的生产和销售呈快速增长趋势,增长率都在20%以上。仙客来产业的快速发展,说明仙客来已被消费者认可,市场已被激活,市场销售不可估量(图6-14)。

1. 品种选择 普通仙客来是我国最早栽培的仙客来品种,主要品种类型有:大花型、平瓣型、可可型、皱边型等。

近年来,外引仙客来品种主要有纯白、紫喉、赤喉、赤唇、赤斑等类型。目前国内栽培最多的是日本的"帕斯泰卢"品种系列。该品种的主要特点是花色鲜艳多样,一次着花30余朵,花梗挺拔,花期长,抗暑热;抗病能力强。

图6-14 仙客来

2. 育苗技术

(1) 基质准备。栽培基质要疏松透气、保水性好,pH为5.5～6.4,要彻底消毒。一般采用国产泥炭土为主的混合基质。良好的泥炭土混合基质是含有50%泥炭和按一定比例混合的珍珠岩、蛭石、椰糠等。其中的黏土含量应少于15%。

用1.5kg/m³的50%辛硫磷与基质拌和均匀,并用薄膜盖严密闭1～2d,揭开翻晾7～10d后使用,以预防地种蝇和根际线虫的发生,在种植前用福美双、敌克松等杀菌剂进行土

单元六 园艺设施的应用

壤消毒，防治灰霉病。

（2）种子繁殖。在播种之前要用 800 倍液的杀菌剂浸泡 1h 或用 10%的磷酸钠溶液浸泡 10～20min，冲洗干净后，用 32℃左右的温水浸泡 48h，取出后沥去水分就可以播种。

播种时间通常以 9 月上旬至 10 月中旬为宜，从播种到开花需 12～15 个月。也可根据种植地的气候条件及成品的上市时间来决定。大花型品种一般在 10 月至次年 1 月播种；中花型品种则可以推迟 15～30d 播种；迷你型品种应在 1～3 月间播种。

播种前把装好的穴盘（128 孔或 288 孔）预先浇透水，并用压孔板在穴盘孔中心压出 0.5cm 深的小坑。将经过处理的仙客来种子播在小坑中间，最后用片径为 1.5～2.5mm 的蛭石作为覆盖物，用细喷头浇透水，推入发芽室。

仙客来的适宜发芽温度为 18℃，湿度 95%左右。一般在 4 周后就有少量的仙客来种子顶出土面，当出苗率在 50%～60%、子叶长度在 1～3cm 时移出发芽室，转移到 15～25℃的温室中，进入幼苗期管理。出室半个月内保持在 15～18℃，低于 10℃，灰霉病和水肿病发生较多；低于 5℃时容易出现单叶现象。中午高于 30℃，要加强通风降温。

（3）分割块茎法繁殖。结实不良仙客来品种，可采用分割块茎的方法进行繁殖，在 8～9 月块茎休眠结束即将萌动时，将块茎用利刀自顶部纵切分成几块，每块带 1 个芽眼，切口应涂抹草木灰，晾晒 1d 即可分栽于花盆内。

3. 定植技术 播种繁殖的幼苗长出 2～3 片叶时分苗，分苗时株距为 5cm 左右；5～6 片叶时移栽换盆，即可定植。

定植时，选用直径 9cm 的花盆，移栽时要带全根，不要抖落原土，土盆深度以球根 1/3～1/2 露出土外为宜。栽后浇一次透水，遮阳 7～10d，停肥 10d，应保持的适宜温度为 14～16℃。

4. 田间管理

（1）温度管理。仙客来生长期间，白天温度控制在 20～25℃，夜间 15～18℃。5℃以下球茎易遭冻害，超过 30℃易落叶休眠，应利用棚顶微雾、地面喷水、双层遮阳、循环通风等多项措施降低温度。

仙客来属于日中性植物，影响花芽分化的主要环境因子是温度，其适温是 15～18℃，可以通过调节播种期及控制环境因子或使用化学药剂，打破或延迟休眠期以控制花期。促花阶段适当低温利于仙客来花束整齐、花朵较大，但会延迟花期。

（2）肥水管理。一般每 7d 施 1 次肥，结合浇水施入速效肥或有机肥。速效肥 N、P、K 比例 6～8 月期间为 7∶11∶27，浓度为 0.05%；其余时间为 1∶1∶2，浓度为 0.1%～0.15%。有机肥可选用腐熟的豆饼、花生饼、麻酱渣等，浓度为 3g/L。

刚移植和换盆时都要浇透水，抽出新叶后，浇水量可增加。当基质表面渐干时，应立即浇水，1 次要浇透，苗期可适当多浇一点水，如出现种球由红褐色变成绿色时，新叶芽发绿，说明水量过大，应及时控制浇水。在幼苗期至开花期之前可用喷头自上部喷水，水珠要细。开花期间浇水也不易太多，否则花朵凋谢快，浇水时如使水滴到花及嫩叶上，将会影响花的质量。夏季休眠期要减少浇水量，温度降低后，浇水量也随之减少。

（3）光照管理。一般仙客来生长期间适宜的光照强度为 20 000～25 000lx。光照强度超过 50 000lx 或温度超过 32℃，可以利用不同遮光率的遮阳网调控温度和光照强度。

脱帽期过强的光照会使种皮干缩，影响子叶脱帽，一般高于 8 000lx，应用双层遮阳网遮阳 30d，遮光率为 70%～80%，当叶片出现红色并逐渐展开时，撤去双层网的一层，保留一层或用草帘遮阳7~10d。

（4）整理植株。仙客来越夏期间要及时清除老叶、摘除提前伸长的花芽。对叶片较多的植株要进行叶片秩序整理，把长的叶片拉到较短的叶片之下，使仙客来叶片受光面积达到最大。整理叶片时不能过多地暴露生长点，否则新的叶芽和花芽会受高温影响而生长不良甚至枯死。

5. 包装和贮运 远途运输前要进行节水栽培，出圃前要进行标准分级，花叶整理。装箱前贴上标签，注明商标、产品名称、生产单位等。仙客来产品包装可以根据产品等级和运输距离采用纸箱或塑料袋。高档产品包装使用纸箱，规格根据株型大小确定，内衬泡沫板，泡沫板上镂出大小与产品容器合适的孔穴，使产品镶嵌其中，以利长途运输。近距离运输或次级产品可以使用简易包装，即与株型大小合适的塑料袋，塑料袋呈漏斗形，上口大、下口小，周边留透气孔，花盆直立装入其中，塑料袋要高出株顶10cm。

盆花包装完后，紧密排列在运输箱或纸箱内，分层放置在专用运输车厢内，注意不要倒置和挤压。长途运输注意温、湿度变化。

任务3　一品红栽培技术

一品红又称圣诞花、猩猩木、象牙红，为大戟科大戟属著名的盆栽花卉，自然开花期在元旦和圣诞节前夕。容易进行花期调节，可实现周年开花，由于花期长、摆放寿命长，苞片大，加之栽培容易，病虫害少，盆栽、切花皆宜，是人们喜爱的冬季室内装饰花卉。我国福建、云南等省可露地栽培，其他地方均作温室栽培（图6-15）。

1. 品种选择 一品红按叶片颜色可分为绿色叶系和深绿色叶系。一般来说，绿色叶系的品种比较耐高温，对肥料的需求也比较大一些；而深绿色叶系的品种则比较耐低温，对肥料的需求相对较小。

图6-15　一品红

绿叶色品种主要有：持久系列、福星、俏佳人、金多利、红粉、双喜等；深绿叶色品种主要有：天鹅绒、威望、精华、彼得之星、自由系列、千禧、柯帝兹系列、索诺拉系列、火星系列、奥林匹亚、早熟千禧、探戈、开门红、富贵红、旗帜等。

2. 育苗技术 一般采用扦插方式育苗。

插条一般用带生长点的顶端枝段，容易生根，成活率高。插穗长度通常8~12cm，或带4~5片完好的叶片。切取插枝的刀片要经过75%的酒精浸泡，为促使插枝生根，可以用0.1%高锰酸钾溶液处理，或将插枝切口处蘸取500mg/L的吲哚丁酸溶液5s进行生根处理，生根快，根系发达。

嫩枝扦插可在3月下旬进行，用穴盘作扦插容器，将筛选过经消毒的细泥炭填入穴盘内，浇透水后打孔插入插条。也可扦插在插床上，扦插深度为插穗长度的1/3~1/2。

通常供应国庆节市场，其扦插时间应在4~5月，定植时间应不迟于5月；供应圣诞节市场，其扦插时间应在6~7月，定值时间应不迟于8月；供应春节市场，其扦插时间应在

7~8月，定植时间应不迟于9月。

插后要浇透水，水中放入杀菌剂，防止烂根。以后浇水不宜太多，可于叶面每天喷水4~6次，注意遮阳并需适当通风。在15~20℃的条件下，插后10d左右便开始生根。

3. 定植技术 于定植前15d对温室进行清扫消毒，用0.1%高锰酸钾喷洒一遍，用百菌清烟剂密闭熏烟12h。

盆土通常用泥炭、珍珠岩、河沙等按5∶1∶1的体积比例混合，也可用园土、腐叶土和堆肥土，配制比例为2∶1∶1。用石灰调整基质pH至5.5~6.5。

扦插成活后3~4周应及时上盆，定植深度为基质盖上原种苗基质上方1cm，土壤表面要低于盆顶1~2cm，定植后及时浇透定根水。置于半阴处一周左右，然后移植到早晚能见到阳光的地方锻炼约半个月，再放到阳光充足处养护。

4. 田间管理

（1）温度和光照管理。温度控制在20~25℃，可以用控制光强度的方法控温；开花后温度白天保持在20~22℃，夜间15~18℃，可延长观赏期。

一品红喜温暖的气候及充足的光照，对光照强度要求较高，适宜光照强度为40万~50万lx，扦插初期要防止光照过强，适宜光照强度为1万~2万lx。

（2）肥水管理。生长前期浇1次600~800倍复合肥A（N∶P∶K=20∶10∶20），进入生长旺盛期，每隔5~6d浇1次复合肥A。

进入苞片转色期，逐渐减少施肥次数，一般2周1次，用复合肥B（N∶P∶K=15∶20∶25）提高磷钾肥比例，使苞片更大、更艳。苞片转色期后应减少浇肥次数，30d浇1次800倍复合肥B，以延缓衰老。

定植7~10d后恢复正常生长，应加强水肥管理，以促进植株健壮快速生长。一般每隔4~5d浇1次，一般1/3基质表面干了就应浇水。春冬季节应少浇水，以免徒长。夏季早晚各浇1次水，以"间干间湿"为原则，防止盆土过干或过湿。

（3）矮化处理。一品红植株生长较快，需修剪整形，否则枝条过高，降低观赏价值。在定植15d左右喷施矮化剂1次；定植后20d，高度为8~10cm，留6~8个枝，便可第一次摘心。

摘心之后，当侧芽长到3~4cm时，用矮壮素（CCC）、多效唑（PP333）等矮化剂进行处理（表6-6）。在自然条件下，花芽分化约在10月1日前后，12月开花。

以后根据需要还可以打顶2~3次，一般留2~3个节，以中间比较高的枝条确定打顶高度，打成中间略高、四周略低的馒头形。

表6-6 利用矮化剂控制一品红株高的处理方法

处理方法	矮化剂	
	CCC	PP333
喷施浓度（mg/L）	1 500~2 000	5~50
浇灌浓度（mg/L）	3 000	0.1~0.5（mg/盆）
特性及注意事项	喷施叶片易有短暂药害，需施2次以上	药效较长，但浓度高易使叶片、苞片皱缩

注意事项

花芽分化前6周不要使用矮化剂处理，以免影响开花的质量；喷施矮化剂应选择阴天或傍晚日落前，避免在气温高于28℃的情况下使用。

(1) 花期控制。一品红是典型的短日照植物，当光照强度低于 50～100lx 时花芽便开始分化，遮光缩短光照时间，使其提前开花，加光延长光照时间使其延迟开花。

①国庆节开花的花期调节。选择耐热性好的早花品种，并进行人工遮光处理，如在 8 月初开始每天遮光 4h，经 45～50d 的处理，即可在"十一"开花。遮光处理时要注意通风降温。

②春节开花的花期调节。通过夜间延长光照的方式使植物维持营养生长，延迟到春节开花。生产春节开花的一品红，应选择晚熟品种，并进行补光处理，如 9 月上旬开始，每天 22：00 到次日凌晨 2：00 用白炽灯增加光照时间，光照强度 110～130lx，至 10 月中下旬停止，效果明显。

(2) 保持盆间距。随着植株株型长大逐渐拉开盆间距，否则影响株型，同时利于通风，避免徒长。盆的位置固定后，不要经常移动，以免影响生长和花芽分化。

盆花上市、贮运和包装 一品红株型丰满，有 2～3 朵苞片显露时可上市或包装运输。一品红对低温（13℃以下）非常敏感，温度太低，红色的苞片容易转变成青色或蓝色，最后变为银白色。若处理与贮藏时期温度太高，则易导致未熟叶片、苞片及花朵的脱落。贮运时的温度最好介于 13～18℃，时间以不超过 3d 为好。

运输前应订做好各种规格的包装箱和包装袋，如用直径 20cm、高 16cm 的盆种植的一品红采用长 100cm、宽 60cm、高 75cm 的纸箱进行包装，每箱可装 18 盆，包装过程中要减少对植株的机械损伤。如运往北方地区，必须增设保温措施，以确保在运输途中免受低温冻伤。

任务4　百合栽培技术

百合属于百合科百合属多年生草本球根植物，是世界名花之一。在国内外园林和插花中广泛应用，非常适宜作为切花栽培，以设施栽培为主（图 6-16）。

品种选择 我国北方地区冬季温室种植亚洲百合应选择对缺光敏感性较低的品种，如粉色的'Dark Beauty'、黄色'Lotus'、白色的'Navona'等，冬季需要补光；东方百合杂种如早玫瑰，对弱光不敏感，但需要较高的温度，尤其是夜温，需有加温设备；华东及华南地区栽培设施内没有加温设备，应选择麝香百合杂种，如白雪皇后；铁炮系的大多数品种比较适应我国各地的环境条件，提高夜温可明显加快开花速度。

图 6-16　百　合

相关知识

百合品种类型

亚洲百合杂种系花朵向上开放，花色鲜艳，生长期从定植到开花一般需 12 周，适用于冬春季生产，夏季生产时需遮光50%。该杂种系对弱光敏感性很强，冬季在设施中需每日增加光照，以利开花。若没有补光系统则不能生产。

麝香百合杂种系花为刺叭筒形、平伸，花色较单调，主要为白色，从定植到开花一般需16~17周。夏季生产时需遮光50%，冬季在设施中增加光照对开花有利。

东方百合杂种系花型姿态多样，有花萼花朵平伸形、碗花形等，花瓣质感好，有香气，生长期长，从定植到开花一般需16周，冬季在设施中栽培对光照敏感度较低，但对温度要求较高，特别是夜温。

1. 育苗技术

(1) 鳞片扦插。取花期健壮的老鳞茎，用利刀剥去外围的萎缩鳞片后剥取第二和第三轮鳞片，择肥大、质厚的鳞片作为扦插材料，每个鳞片的基部应带有一小部分鳞茎盘，放入1∶500多菌灵或克菌丹水溶液中浸泡30min，杀死病菌，阴干后直接插入苗床中。

扦插基质以直径0.2~0.5cm的颗粒泥炭为最好，有利于鳞片的成活。扦插时将鳞片的2/3插入基质中，间距约为3cm。插后基质要保持湿润，忌过湿，以防止腐烂。相对湿度保持在80%~90%，温度维持21~25℃，前10d温度可调到25℃，以后则以不超过23℃为宜。插后15~20d，于鳞片下端切口处生长出小鳞茎，其下生根，并开始长出叶。一般1个鳞片可以生长出1~2个小鳞茎，将小鳞茎取下栽入苗床培养成小鳞茎，春季定植，栽培2~3年以后就能开花。此法可用于中等数量的繁殖。

(2) 分球繁殖。采收切花时，基部留5~7片叶，花后6~8周新的鳞茎便成熟，可以将小鳞茎挖取，种植在塑料箱或纸箱内，以泥炭2份、蛭石2份、细砂1份为培养基质，1年后种植在栽培床或畦上，2年后便可作开花种球。或挖取大鳞茎时，把直径小于2cm的鳞茎种植在疏松、肥沃、排水良好的土壤里继续培养，1~2年便能长成开花种球。

为获得优质开花种球，在小鳞茎抽生花茎时应及时摘除。当一个鳞茎抽生出2~3个地上茎时应除去侧茎，只留中央主茎，以集中养分形成一个大鳞茎。此方法繁殖系数低，只适宜少量盆栽繁殖。

(3) 茎段和叶片扦插。在植株开花后，将地上茎压倒并浅埋在湿沙中，或将叶片特别是上部叶片插入湿珍珠岩粉中，不久，其叶腋间或切口处均可长出小珠芽，可促使多生小珠芽供繁殖用。

2. 定植技术

(1) 种球准备。百合种球采挖后需经历6~12周的生理休眠期，根据市场需要，切花在11月到翌年1月上市时，种球应在6月中下旬开始冷藏在温度6~7℃条件下，6~7周即能打破鳞茎的生理休眠，取出播种。如需要2~5月上市，应在前一年8月上旬到9月中旬开始冷藏在8℃下6~7周后再播种。一般情况下，种植亚洲系百合，使用12~14cm规格的种球即可满足市场对切花质量的要求；种植东方系百合，一般要用16~18cm的种球，才能产出质量较好的切花。

(2) 土地准备。百合忌连作，怕积水，应选择深厚、肥沃、疏松且排水良好的壤土或沙壤土种植。施入充分腐熟的牛粪堆肥1.5kg/m^{2}和草炭1.5~3.0kg/m^2，过磷酸钙0.03~0.05kg/m^2，深翻30cm，充分混匀。施入的底肥氮、磷、钾含量要分别达到20g/m^2、30g/m^2、30g/m^2，并用50%辛硫磷600倍液和70%甲基托布津500~600倍液进行土壤消毒、杀虫。亚洲百合和铁炮百合的部分品种可在中性或微碱性土壤上种植，东方百合则要求在微酸性或中性土壤上种植。平整作畦，高畦栽种，一般畦高20~30cm，宽120cm，畦间沟宽30~35cm。四周开好排水沟，以利排水。

（3）定植技术。当鳞茎芽长到3~6cm时定植，不宜超过8cm，否则易倒伏。参考行株距20cm×15cm。栽植密度因品种、种球大小、季节而异。亚洲系百合植株体量较小，可按照54~86头/m^2的密度定植，而东方系植株体量较大，适合密度32~43头/m^2。

定植深度为6~10cm，在夏季或环境温度高时，定植深度为8~12cm，而在冬季或环境温度偏低时，栽6~8cm深即可。

种球定植时要小心取出百合鳞茎，用小铲在畦面上挖出比鳞茎头稍大的穴，将百合鳞茎顶芽朝上垂直于基面直立放入。种球摆放时不要过于用力按压，以避免用力不当造成损伤或弄断鳞茎的基生根，摆放好后随即用土壤基质将其覆盖。

3. 田间管理

（1）温度、光照管理。百合喜凉爽湿润、阳光充足的环境，定植后3~4周内的土壤温度应稳定在12~13℃，以促进百合种球生根。定植后的4~6周内，适温为18℃，白天为20℃，夜间为12~13℃；生长过程中，以白天温度21~23℃、夜间温度15~17℃最好；花芽分化的适宜温度为15~20℃；从第一朵花蕾开放开始，保持15~26℃温度范围，30d便可开花；若15~21℃，则需40d。不同品系的百合，其生长的适宜温度也有所差别（表6-7）。

表6-7 百合生长的适宜温度（℃）

种球品系	生根温度	生长适宜温度	温度范围	备注
东方系百合	12~13	16~18	15~25	低于15℃，可导致消蕾和叶片黄化
亚洲系百合	12~13	15~17	8~25	要防止空气过于潮湿
麝香系百合	12~13	14~16	14~22	低于14℃，可导致花瓣失色和裂苞

百合在现蕾期需进行遮光处理，如叶片温度过高时，可用遮阳网降低温度。亚洲杂种系可遮光50%左右，东方杂种系可遮光60%~70%。秋季应除去遮阳网，以防光照不足使苞片脱落。在其他生长时期，特别是在花芽发育前期需加强光照，当光照强度低于1.2万lx时，40%~60%的花蕾不能开花。当花芽长到1~2cm时，如光照不足，容易发生消蕾现象，需人工补光。我国大部分地区太阳光照一般可满足设施栽培百合生长开花需要。

（2）水分管理。百合定植后要浇一次透水，生长过程中，土壤保持潮湿即可，土壤湿度保持在60%左右，如水分过多会徒长，过于干旱，茎生长差，干湿相差太大，"盲花"变多。特别是在花芽分化和发育期以及现蕾开花前是百合的需水临界期，应充分满足植株对水分的需求，否则影响花的质量。百合现蕾时适当减少浇水次数。

切花百合的生长发育要求较高而恒定的空气湿度，空气湿度变化太大，容易造成烧叶现象，最适宜的相对湿度为80%~85%。

低温期百合最好采用滴灌方式进行灌溉，根据畦顶宽度铺3~4条滴灌带，滴灌带的滴孔间距15cm，如浇水则在垄旁沟内进行，水渗入根际，不能将水浇到叶面上。高温季节，可以喷洒浇水，向叶面喷水不仅可以使叶片保持亮绿，而且可以避免高温烧叶。

（3）肥料管理。百合定植3~4周后追肥，以氮、钾肥为主，施用量每100$m^2$1kg。在现蕾后至开花前，每15d喷施0.2%~0.3%磷酸二氢钾1次，如发现上部叶和花蕾黄化（老叶正常），应及时叶面喷 0.2%～0.3% 硫酸亚铁 2～3 次，如果发现新叶正常、老叶黄化、生长势差，多缺氮肥，可叶面喷 0.3% 尿素或土壤浇施稀薄粪水 2～3 次。

采收前 3 周不施肥。剪花后，追施 1～2 次磷、钾丰富的速效肥，以促进鳞茎增大充实。

（4）花期调控。百合鲜切花在消费习惯上多作为喜庆用花，因而节日期间需求量大，价格高。生产上应合理安排，抢占节日期间的高价位市场，做到节日期间用花和平时用花均衡供应，提高百合鲜切花栽培的经济效益，生产中可采取如下措施。

①品种搭配。百合切花的品种很多，依生长期长短可分为早、中、晚 3 类，繁殖时 3 个类型种球应适当搭配。

②分批播种。因为花期受气温、日照、光照强度等多种气候因素的综合影响，所以在安排种植期时应考虑不同季节的气候情况，安排播种。

③促成栽培。

A、春化处理：需在 11～12 月开花，可用中球在 13℃ 条件下处理 2 周后，再在 3℃ 下处理 4～5 周即可；如需要在 1～2 月开花，可先在 13℃ 条件下处理 2 周，再在 8℃ 条件下处理 4～5 周，这时定植后夜间温度较低，应加温保持 15℃ 左右即可。

B、补光促花：在冬春季节，特别是遇连续阴雨天气，为促进提早开花，可采用人工照明补光，百合补光以花序上第一个花蕾发育为临界期，花蕾长达 0.5～1cm 前开始补光，直到切花采收。采用 20～30W/m² 的白炽灯，每天补光 5～6h（即 20：00～24：00 时），温度在 16℃ 条件下，维持 6 周补光，对防止消蕾、提早开花和提高切花品质效果甚佳。

（5）切花冷藏保鲜。若因气候异常等原因，造成大量百合花期提前，而市场需求又不大，则可采取冷藏的办法，采取措施补救。

（6）拉网防倒伏。一些高大品种当长到 40～50cm 时植株易倒伏或弯曲，应及时拉支撑网以保持植株茎秆直立生长。首先在畦两边钉好立桩，高 1.8～2.3m，用 6 号线拉直，5～6m 钉一根立桩，用百合专用网（网格 15cm×15cm），拉平，拉网高度在花序下 10cm，可上下移位，一般架两层网，植株特别高大的品种可设 3 层网。其他品种当株高达 35cm 时开始张网，网格边长以 10cm 为宜。随着植株的生长，及时提升网的高度。

（7）二茬花管理。采收完毕后以 6～15℃ 管理 20～30d，揭开棚膜前脚和顶部，白天覆盖草苫，芽萌动时，在行间沟施 3 000kg 充分腐熟的鸡粪。发芽后每 10～20d 交替喷施 0.3% 磷酸二氢钾和硫酸亚铁，同时每 20～30d 喷施 1 次 0.3% 的尿素。

（8）种球的采收和贮藏。百合第二次剪花后，经过 1 个多月的复壮管理，新球约在 7 月下旬成熟，可于 8 月上、中旬采挖，采挖后把大小种球分开。已经发芽或长新根的小种球，可立即栽培；把已长新根的大种球置于阴凉处 2～3d，然后放在湿沙中低温贮藏，湿度在 60% 左右。在贮藏之前须进行分级清洗、消毒、包装等。

4. 包装和贮运 百合第一朵花蕾膨大并呈乳白色时，即可采收。切花采收时间以上午 10 时以前为宜。

采收后应立即根据花朵数及花茎长度分级，去除基部 10cm 左右的叶片。花枝应尽快离开温室，及时插入放有杀菌剂的预冷（水温 2～5℃）清水中冷藏。如需进行长距离运输销售，则应在运输前确保盆花有充足的水分，同时增加适当的光照，以免叶片黄化。仍然采用打洞的瓦楞纸箱包装，冷藏运输或进入销售市场。

任务5 红掌栽培技术

红掌又称安祖花、红鹤芋、花烛等,常绿宿根草本花卉,属于天南星科安祖花属(花烛属)。原产中美洲的安第斯山脉,喜阴生环境,周年开花。红掌花形独特,花色艳丽,周年开花,既可做切花栽培,又可作盆花观赏而备受人们欢迎,销量仅次于兰花,名列第二(图6-17)。

图6-17 红 掌

1. 品种选择 红掌的栽培品种较多,应根据花的品质、生产条件和市场供求选择最佳的栽培品种。如佛焰苞的大小、颜色、光泽,花葶的长短以及柱头的形状等。常见的栽培品种有以下3种:

(1)大叶安祖花。植株较高大,佛焰苞为红色、粉色、白色,肉穗花序为白色、黄色,花型大。

(2)小晶安祖花。植株较小,佛焰苞为褐色,肉穗花序为淡绿色,花型大。

(3)剑叶安祖花。植株高大,佛焰苞带绿色,肉穗花序为白色,花型较大。

红掌切花栽培品种很多,目前种苗几乎全部来自荷兰。常见品种有Evita(爱复多)、Tropical(热情)、Alex(阿里克丝)、Joy(欢乐)、Gloria(光辉)等。其中以红色的品种最为畅销,红色品种以Tropical和Evita最受市场欢迎。

2. 育苗技术

(1)育苗床准备。育苗床高0.20m,宽1.40m,长45m以内,床间通道宽0.60m。生产中可用的栽培基质有炭化稻壳、粗泥炭、蛭石、粗木屑和珍珠岩等,在栽培槽下层铺设较粗的基质,以便达到最佳的排水和保湿效果。基质上表面低于栽培床侧壁3~5cm。

栽培前15d密闭温室,将室内温度提高到50~60℃,保持8~10d,进行灭菌杀虫,用福尔马林800倍液向温室地面、苗床喷雾。同时清除温室及周边杂草杂物,减少病虫害传播介质。

(2)基质准备。红掌的经济寿命一般6~8年,应选择结构比较稳定的材料作栽培基质。

①盆栽基质。盆栽红掌规模化生产用泥炭、珍珠岩、沙的复合基质,其比例为:每立方米泥炭加4~5kg珍珠岩,加0.15m^3沙。pH保持在5.5~6.2。种苗生长不同阶段对花盆的规格要求不同,中苗应选15cm以上的花盆。上盆时,可选择一次性使用的16cm×15cm的塑胶盆种植。

②分株繁殖基质。分株繁殖的栽培基质可用腐叶土或泥炭加珍珠岩按3∶1配成。

③扦插繁殖基质。扦插繁殖的插床基质用蛭石、珍珠岩或细沙土。

(3)分株繁殖。在春季将开过花的植株分生出带有根系的侧枝(小苗),用利刀将分生苗和母本植株自连接部切割开,尽量不要伤及根系,然后将切口处涂上草木灰进行处理以防切口腐烂。将分株苗单独盆栽或栽到苗床成为新株。小苗移栽后浇水并放在半阴湿润的环境中,以促进生根。每隔1~2年换1次盆。

(4)扦插繁殖。可用较老的枝条1~2个节的短枝为插条,剪去叶片进行扦插,将插条蘸草木灰后直立或侧卧插于地温25~35℃的插床中，保持湿度，3周后生出新芽和根，成为独立植株。

3. 定植技术 通常在1~5月定植，华北地区（以北京为例）每年的3~4月和9~10月是最佳的种植时期。苗株生长到6~7片叶，高约30cm时定植，起垄30cm，垄上栽植，株行距30cm×40cm。

盆栽时，盆土以草炭或腐叶土加腐熟马粪再加适量珍珠岩，也可用2/3腐叶土加1/3河沙配合。盆底多垫些碎瓦片以利通气、排气，盆距20cm×40cm。每隔1~2年换1次盆，浇水以叶面喷淋为好，保持叶面湿润。生长期每周浇施稀薄矾肥水1次。

4. 田间管理

（1）温湿度管理。一般幼苗期保持80%~90%的湿度，环境温度控制在20~26℃。成苗期湿度在70%~80%，阴天湿度70%~80%，温度18~20℃，晴天湿度70%左右，温度20~28℃。一般生长适温白天为26~30℃，夜间21~24℃。

全年应多次进行叶面喷水，可用棚顶喷淋、水帘降温、喷雾降温和直接向植株喷水等方法降低温度和保持湿度，但临近傍晚时停止喷雾，以在夜间保持植株叶面干燥，避免增大病害侵染的机会。冬季当夜间温度低于10℃时，应采取措施避免发生寒害。

（2）光照管理。红掌小苗移植后应遮光60%~70%，生长期适宜的光照强度为1.5万~2.5万lx，温室中最理想的光照度在2万lx左右。光照过强，抑制植株生长，并导致叶片及花的佛焰苞变色或灼伤，对花的产量和质量影响很大，晴天时遮掉75%的光照，早晨、傍晚或阴雨天则不用遮光。在冬天或阴天，应增加光照。

（3）水肥管理。红掌小苗定植后浇水不能过多，否则会使根部积水造成根系死亡。红掌对盐分敏感，浇水含盐量不能过高。pH控制在5.2~6.2。直接使用井水或地表水时，要进行盐分含量处理。盐分含量过高可导致花变小，产量降低以及花茎变短。根据基质不同，确定浇水间隔时间及浇水量，一般基质的含水量应保持在50%~80%。浇水要根据季节以及基质的干湿情况进行，一般情况下5~7d浇清水1次，夏季蒸发量较大时浇水较勤，需2~3d浇水1次，冬季较严寒，一般15~20d浇水1次，在蒸发量较大的月份，还需进行叶面喷水喷肥。红掌的给水施肥均通过栽培床上的喷淋系统来进行。

红掌根部施肥效果比叶面追肥效果好。红掌切花种植后的20~30d不要使用营养液灌溉，每天采用人工喷水或是用喷雾系统喷雾保持基质表面微湿和植株叶片湿润。生长期需肥量较大，但每次浇肥浓度又不能太高。施肥以无机肥为主，幼苗期及生长旺盛期施以氮磷钾比例为3:1:2的液态肥，冬季及开花期增施磷钾肥，减少氮肥用量，应使用N:P:K比例为0.5:1:2的液态肥。通常幼苗期20d左右浇1次0.5‰的液态肥，成苗期10~15d浇1次0.1%的液态肥。

（4）拉线防倒伏。当植株生长到一定高度时，用细线绳顺苗床边沿拉线，将枝叶拦在苗床内，防止植株向两边倒伏，枝叶受到机械损伤。拉线后要对植株进行定期检查，及时将长出线外的枝叶放到绳内。

5. 采收与保鲜 切花采收的适宜时期是当肉穗花序黄色部分占1/4~1/3时为宜，用锋利的剪刀，将花枝从基部约3cm处切下。

采收时须注意握花枝的手势以及不可握拿太多花枝，以免花朵互相碰撞摩擦造成损伤。采收的花枝立即插入盛有清水的塑料桶中。

采下的红掌花朵运到包装间，将苞片上的污物用清水洗净，先分级，再包装。程序如下：

（1）用特制的聚乙烯袋套包在花的外面。

（2）将太长的花枝剪短，在花茎基部套上装有保鲜液的小瓶。

（3）在包装箱下面铺设聚苯乙烯泡沫片，包装箱四周垫上潮湿的碎纸。

（4）运输时，按单枝固定，分层平放包装纸箱内，花朵置放在纸箱两端，花茎在中间，排列整齐。注意佛焰苞要离开箱壁约1cm，不可接触箱壁，以免运输途中受损。

（5）将花茎用透明胶等物固定在箱体内，使之不可移动。

红掌水养时间持久，每2～3d换1次清水，并剪掉花柄基部1cm，保持切口新鲜，以利吸水。在13℃环境中可贮藏3～4周，仍保持新鲜，10℃以下产生冷害。

单元小结及能力测试评价

无土栽培技术是设施园艺的主要应用技术，无土栽培的关键技术包括：栽培基质配制、营养液的配制、使用与管理。黄瓜、番茄、茄子和辣椒设施栽培关键技术包括：育苗技术、整枝技术、肥水管理技术、采收技术；黄瓜、番茄的落蔓和吊蔓技术；番茄、茄子、辣椒的保花技术等。设施葡萄、油桃、大樱桃、草莓栽培的关键技术包括：苗木培育技术、栽植技术、整枝整形和修剪技术、肥水管理技术、温度和光照管理技术、辅助授粉技术、采后管理技术以及果实采收技术等。非洲菊、百合、仙客来、红掌、一品红设施栽培的关键技术包括：选择适宜的品种、选择适宜的育苗方式以及合理的肥水管理等；非洲菊、百合、红掌作为切花栽培时，要掌握好鲜花采收期，并且采收后要加强鲜花的保鲜；盆栽花要根据栽培目的进行花期调整。

■ 实践与作业

1. 在教师的指导下，学生进行蔬菜、花卉无土栽培实践。操作结束后，写出技术报告，并根据操作体验，总结出应注意的事项。

2. 在教师的指导下，学生进行温室黄瓜、番茄、茄子、辣椒栽培实践。操作结束后，写出技术报告，并根据操作体验，总结出应注意的事项。

3. 在教师的指导下，学生进行设施葡萄、油桃和草莓栽培实践。操作结束后，写出技术报告，并根据操作体验，总结出应注意的事项。

4. 在教师的指导下，学生进行非洲菊、百合、仙客来、红掌的育苗、苗木定植和水肥管理等实践，操作结束后，写出技术报告，并根据操作体验，总结出应注意的事项。

■ 单元自测

一、填空题（40分，每空2分）

1. 营养液A母液是指凡不与_____作用而产生沉淀的化合物放置在一起溶解而成。一般浓缩_____倍。

2. 辣椒大果型品种结果数量少，一般保留_____个结果枝；小果型品种结果数量多，一般保留_____个以上结果枝。

3. 番茄果实的成熟过程一般分为4个时期，即_____、_____、_____和完熟期。

4. 葡萄设施栽培采用的架式主要有_____、_____和_____。
5. 草莓花芽分化需较_____温度和_____日照。
6. 非洲菊剥叶时应各枝均匀剥，每枝留_____片功能叶。过多叶密集生长时，应从中去除_____叶，使_____暴露出来。在幼苗生长未达到_____片叶以上时，应摘除早期形成的花蕾。
7. 红掌直接使用井水或地表水时，要进行_____含量处理。一般基质的含水量应保持在_____之间。
8. 仙客来越夏期间要及时清除_____、摘除提前伸长的_____。

二、判断题（24 分，每题 4 分）
1. 营养液 pH 的适宜范围为 5.5～6.5。（   ）
2. 塑料大棚春茬栽培一般在当地晚霜结束前 30～40d 定植。（   ）
3. 番茄单干整枝：保留主干结果，其他侧枝及早疏除。（   ）
4. 桃果不耐贮运，需要成熟度达八成时采收。（   ）
5. 百合在花芽发育前期需进行遮光处理。（   ）
6. 一品红对高温非常敏感，温度太高，红色的苞片容易转变成青色或蓝色。（   ）

三、简答题（36 分，每题 6 分）
1. 简述蔬菜无土栽培营养液使用与管理技术要点。
2. 简述温室黄瓜肥水管理技术要点。
3. 简述温室番茄整枝和果实管理技术要点。
4. 简述温室葡萄剪枝修剪技术要点。
5. 简述百合花期调控技术要点。
6. 简述红掌肥水管理技术要点。

能力评价

在教师的指导下，学生以班级或小组为单位进行设施蔬菜、果树、花卉无土栽培或常规栽培实践。实践结束后，学生个人和教师对学生的实践情况进行综合能力评价。结果分别填入表 6-8 和表 6-9。

表 6-8　学生自我评价表

姓　名			班级		小组	
生产任务			时间		地点	
序号	自评内容			分数	得分	备注
1	在工作过程中表现出的积极性、主动性和发挥的作用			5		
2	资料收集			10		
3	生产计划确定			10		
4	无土栽培营养液配制与使用			10		

(续)

姓　名			班级		小组	
生产任务			时间	地点		
5	设施蔬菜栽培			15		
6	设施果树栽培			10		
7	设施花卉栽培			15		
8	设施蔬菜、果树、花卉采收及采后处理			15		
9	解决生产实际问题			10		
合计得分				100		
认为完成好的地方						
认为需要改进的地方						
自我评价						

表 6-9　指导教师评价表

指导教师姓名：_____ 评价时间：_____年_____月_____日　课程名称_____

生产任务：

学生姓名：　　所在班级：

评价内容	评分标准	分数	得分	备注
目标认知程度	工作目标明确，工作计划具体结合实际，具有可操作性	5		
情感态度	工作态度端正，注意力集中，有工作热情	5		
团队协作	积极与他人合作，共同完成任务	5		
资料收集	所采集材料、信息对任务的理解、工作计划的制订起重要作用	5		
生产方案的制订	提出方案合理、可操作性、对最终的生产任务起决定作用	10		
方案的实施	操作的规范性、熟练程度	45		
解决生产实际问题	能够解决生产问题	10		
操作安全、保护环境	安全操作，生产过程不污染环境	5		
技术文件的质量	技术报告、生产方案的质量	10		
合计		100		

■ 信息收集与整理

1. 调查当地蔬菜、果树、花卉的设施栽培品种及技术要点，分析其生产效果，整理其主要的栽培经验和措施。

2. 调查当地设施蔬菜、果树、花卉的生产、销售的状况，分析原因，提出解决的措施。

资料链接

1. 中国无土栽培网：http://www.chinasoilless.com/
2. 中国蔬菜网：http://www.veg-china.com/
3. 中国（北方）果树网：http://www.zgbfgsw.com/
4. 中国花卉网：http://www.china-flower.com/

主要参考文献

曹春英.2010.花卉栽培［M］，2版.北京：中国农业出版社.
陈国元.2009.园艺设施［M］.苏州：苏州大学出版社.
胡繁荣.2008.设施园艺［M］，上海：上海交通大学出版社.
李庆典.2002.蔬菜保护地设施的类型与建造技术［M］.北京：中国农业出版社.
马新立.2008.温室种菜蔬菜病虫害防治［M］.北京：金盾出版社.
农业部农民科技教育培训中心.2009.设施果树栽培技术［M］，北京：中国农业大学出版社.
孙培博，夏树让.2000.设施果树栽培技术［M］.北京：中国农业出社.
孙世好.2001.花卉设施栽培技术［M］.北京：高等教育出版社.
王振龙.2011.无土栽培教程［M］.北京：中国农业大学出版社，
武占会.2009.蔬菜育苗病虫害防治［M］.北京：金盾出版社.
张福墁.2000.设施园艺学［M］.北京：中国农业大学出版社.
张红燕，石明杰.2009.园艺作物病虫害防治［M］.北京：中国农业大学出版社.
张庆霞，金伊洙.2009.设施园艺［M］.北京：化学工业出版社.
张彦萍.2007.设施园艺［M］.北京：中国农业出版社.
赵冰等.2008.黄瓜生产百问百答［M］.北京：中国农业出版社.
邹志荣.2002.园艺设施学［M］.北京：中国农业出版社.

附 录
FULU

附件一 蔬菜园艺工国家职业标准（中级）

蔬菜园艺工国家职业标准（中级）

一、职业概况

1. 申报条件（具备以下条件之一者）

（1）取得本职业初级职业资格证书后，连续从事本职业工作 2 年以上，经本职业中级正规培训达规定标准学时数，并取得结业证书。

（2）取得本职业初级职业资格证书后，连续从事本职业工作 4 年以上。

（3）连续从事本职业工作 5 年以上。

（4）取得主管部门审核认定的、以中级技能为培养目标的中等以上职业学校本职业（专业）毕业证书。

2. 鉴定方式

分为理论知识考试和技能操作考核理论知识考试采用闭卷笔试方式，技能操作考核采用现场实际操作方式。理论知识考试和技能操作考核均采用百分制，成绩皆达 60 分及以上者为合格。技师、高级技师还须进行综合评审。

3. 考评人员与考生配比

理论知识考试考评人员与考生配比为 1∶15，每个标准教室不少于 2 名考评人员；技能操作考核考评员与考生配比为 1∶5，且不少于 3 名考评员。综合评审委员会不少于 5 人。

4. 鉴定时间

理论知识考试时间与技能操作考核时间各为 90min。

5. 鉴定场所及设备

理论知识考试在标准教室里进行，技能操作考核在具有必要设备的实验室及田间现场进行。

二、基本要求

1. 职业道德

（1）敬业爱岗，忠于职守。

（2）认真负责，实事求是。

（3）勤奋好学，精益求精。

（4）遵纪守法，诚信为本。

(5) 规范操作，注意安全。

2. 专业知识

(1) 土壤和肥料基础知识。

(2) 农业气象常识。

(3) 蔬菜栽培知识。

(4) 蔬菜病虫草害防治基础知识。

(5) 蔬菜采后处理基础知识。

(6) 农业机械常识。

3. 安全知识

(1) 安全使用农药知识。

(2) 安全用电知识。

(3) 安全使用农机具知识。

(4) 安全使用肥料知识。

4. 相关法律、法规知识

(1) 农业法的相关知识。

(2) 农业技术推广法的相关知识。

(3) 种子法的相关知识。

(4) 国家和行业蔬菜产地环境、产品质量标准，以及生产技术规程。

三、工作要求

职业功能	工作内容	技能要求	相关知识
育苗	种子处理	1. 能根据作物种子特性确定温汤浸种的温度、时间和方法 2. 能根据作物种子特性确定催芽的温度、时间和方法 3. 能进行开水烫种和药剂处理 4. 能采用干热法处理种子	1. 开水烫种知识 2. 种子药剂处理知识 3. 种子干热处理知识
	营养土配制	1. 能根据蔬菜作物的生理性特性确定配制营养土的材料及配方 2. 能确定营养土消毒药剂	1. 营养土特性知识 2. 基质和有机肥病虫源知识 3. 农药知识 4. 肥料特性知识
	设施准备	1. 能确定育苗设施的类型和结构参数 2. 能确定育苗设施消毒所使用的药剂	1. 育苗设施性能、应用知识 2. 育苗设施病虫源知识
	苗床准备	能计算苗床面积	苗床面积知识
	播种	1. 能确定播种期 2. 能计算播种量	1. 播种量知识 2. 播种期知识
	苗期管理	1. 能针对栽培作物的苗期生育特性确定温、湿度管理措施 2. 能针对栽培作物的苗期生育特性确定光照管理措施 3. 能确定分苗、调整位置时期 4. 能确定炼苗时期和管理措施 5. 能确定病虫防治药剂	1. 壮苗标准知识 2. 苗期温度管理知识 3. 苗期水分管理知识 4. 苗期光照管理知识

(续)

职业功能	工作内容	技能要求	相关知识
定植（直播）	设施准备	1. 能确定栽培设施类型和结构参数 2. 能确定栽培设施消毒所使用的药剂	1. 栽培设施性能、应用知识 2. 栽培设施病虫源知识
	整地	1. 能确定土壤耕翻适期和深度 2. 能确定排灌沟布局和规格	1. 地下水位知识 2. 降雨量知识
	施基肥	能确定基肥施用种类和数量	1. 蔬菜对营养元素的需要量知识 2. 土壤肥力知识 3. 肥料利用率知识
	作畦	能确定栽培畦的类型、规格及方向	栽培畦特点知识
	移栽（播种）	1. 能确定移栽（播种）日期 2. 能确定移栽（播种）密度 3. 能确定移栽（播种）方法	1. 适时移栽（直播）知识 2. 合理密植知识
田间管理	环境调控	1. 能确定温、湿度管理措施 2. 能确定光照管理措施 3. 能确定土壤盐渍化综合防治措施 4. 能确定有害气体的种类、出现的时间和防止方法	1. 田间温度要求知识 2. 田间水分要求知识 3. 田间光照要求知识 4. 土壤盐渍化知识
	肥水管理	1. 能确定追肥的种类和比例 2. 能确定追肥时期和方法 3. 能确定浇水时期和数量 4. 能确定叶面追肥的种类、浓度、时期和方法	1. 蔬菜追肥知识 2. 蔬菜灌溉知识
	植株调整	1. 能确定插架绑蔓（吊蔓）的时期和方法 2. 能确定摘心、打杈、摘除老叶和病叶的时期和方法 3. 能确定保花保果、疏花疏果的时期和方法	营养生长与生殖生长的关系知识
	病虫草害防治	能确定病虫草害防治使用的药剂和方法	田间用药方法
	采收	1. 能按蔬菜外观质量标准确定采收时期 2. 能确定采收方法	1. 采收时期知识 2. 外观质量标准知识
	清洁田园	能对植株残体、杂物进行无害化处理	无害化处理知识
采后处理	质量检测	1. 能确定产品外观质量标准 2. 能进行质量检测采样	抽样知识
	整理	能准备整理设备	整理设备知识
	清洗	能准备清洗设备	清洗设备知识
	分级	能准备分级设备	分级设备知识
	包装	能选定包装材料和设备	包装材料和设备知识

四、比 重 表

1. 理论知识

项目		比重（%）
基本要求	职业道德	5
	基础知识	10
相关知识	育苗	30
	定植（直播）	20
	田间管理	25
	采后处理	10
	技术管理	
	培训指导	
合计		100

2. 技能操作

项目		比重（%）
工作要求	育苗	40
	定植（直播）	15
	田间管理	35
	采后处理	10
	技术管理	
	培训指导	
合计		100

附件二 花卉园艺工国家职业标准（中级）

花卉园艺工国家职业标准（中级）

一、职业概况

1. 适用对象

在鲜切花、盆花生产基地和园林、城市园林、公园、自然保护区、园艺场、盆景园、企事业单位、花圃、花木公司、花店、花卉良种繁育基地等从事花卉栽培、花卉经营（包括种子经营）、花卉育苗、良种繁育等生产、科研辅助人员。

2. 申报条件

（1）文化程度：初中毕业。

（2）持有初级技术等级证书一年以上者。

（3）应届中等职业学校或以上毕业者可直接申报。

（4）身体状况：健康。

3. 考生与考员比例

（1）理论知识考评：20∶1。

（2）实际操作考评：8∶1。

4. 鉴定方式

（1）理论知识：笔试，120min，满分为100分，60分为及格。

（2）操作技能：按实际需要确定，时间不超过4h，满分为100分，60分为及格。

5. 鉴定场地和设备

按考评要求确定。

二、基本要求

1. 知识要求

（1）识别花卉种类250种以上。

（2）掌握主要花卉的植物学特性及其生活条件。

（3）懂得花卉繁殖方法的理论知识并懂得防止品种退化、改良花卉品种及人工育种的一般理论和方法。

（4）掌握建立中、小型花圃的知识和盆景制作的原理及插花的基本理论。

（5）掌握土壤肥料学的理论知识，掌握土壤的性质和花卉对土壤的要求，进一步改良土壤并熟悉无土培养的原理和应用方法。

（6）懂得花卉病虫害综合防治的理论知识。

（7）不断地了解、熟悉国内外使用先进工具、机具的原理；了解国内外花卉工作的新技术、新动态。

（8）掌握主要进出口花卉的培育方法，了解国家动植物检疫的一般常识。

2. 技能要求

（1）解决花卉培植上的技术问题，能定向培育花卉。

（2）能根据花卉生长发育阶段，采取有效措施，达到提前和推迟花期的目的。

（3）因地制宜开展花卉良种繁育试验及物候观察，并分析试验情况，提出改进技术措施。

（4）能熟悉地进行花卉的修剪、整形和造型操作的艺术加工。

（5）对花卉的病虫害能主动地采取综合的防治措施，并达到理想效果。

（6）掌握无土培养的技能。

（7）应用国内外先进的花卉生产技术，使用先进的生产工具和机具进行花卉培植。

（8）收集整理和总结花卉良种繁殖、育苗、养护等经验。

（9）能对中级工进行技术指导。

三、鉴定内容

项目	鉴定范围	鉴定内容	鉴定比重	备注
		知识要求	100	
基本知识	植物及植物生理	1. 植物器官、组织及其功能 2. 植物生育规律 3. 温、光、水、肥、气等因子对植物生育的影响	8	
基本知识	土壤与肥料	1. 当地土壤的性质及改良方法 2. 常用肥料的性质及使用方法 3. 植物营养知识及营养液配制、调节	9	
基本知识	植物保护	1. 病虫基本知识 2. 本地主要病、虫、杂草种类及防治 3. 常用农药的性能及使用方法	8	
专业知识	花圃、园林土壤的耕翻、整理及改良	1. 园艺植物对土壤的要求 2. 无土栽培知识	10	
专业知识	花卉的分类与识别	1. 花卉分类基本知识 2. 当地常见的180种花卉植物	10	
专业知识	花卉的繁育技术	1. 育种一般常识 2. 国内外引种的一般程序 3. 花卉繁育的常用方法	10	
专业知识	花卉的栽培方式及栽培技术	1. 盆花的盆栽技术及肥水管理 2. 切花生产技术及肥水管理 3. 其他观赏植物的管理技术 4. 花卉的促成、延缓栽培技术 5. 花卉及草坪先进生产工艺流程	20	
专业知识	花卉产品应用形式及养护	1. 盆花的陈设及养护 2. 切花的采收、保鲜及应用 3. 一般花坛的设计及布置 4. 草坪修剪及养护	10	
相关知识	相关法规	1. 国家有关发展花卉业的产业政策 2.《进出境动植物检疫法》中花卉进出口有关的内容	5	
相关知识	园艺材料	1. 覆盖材料的特点和选用 2. 生产用盆钵的种类及特点	5	根据考核要求
相关知识	工作能力	1. 具有一定的工作组织能力 2. 建立田间档案 3. 指导初级工进行生产作业	5	
		技能要求	100	

(续)

项目	鉴定范围	鉴定内容	鉴定比重	备注
中级操作技能	园艺设施的选型、利用与维护	1. 装配和维护一般园艺设施 2. 调整园艺设施内环境因子	20	根据考试要求确定的时间和有关条件，确定具体的鉴定内容，能按技术要求按时完成者得满分
	栽培技术	1. 花卉种植和控制花期的栽培 2. 花卉良种繁育 3. 各种花卉及草坪的修剪和整形 4. 根据花卉生长发育状况进行合理肥水管理和病虫防治等	45	
	设计和制作	1. 一般花坛的设计和施工 2. 作花篮、花束 3. 会场的花卉布置	25	
工具设备的使用和维护	常用园艺器具的使用、维修和保养	1. 花卉园艺常用器具的使用 2. 园艺工具的一般排故、维修和保养 3. 草坪机械的使用和保护	10	
安全及其他	安全文明操作	1. 严格执行国家有关产业政策 2. 文明作业、消除事故隐患		

附件三　果树园艺工国家职业标准（中级）

果树园艺工国家职业标准（中级）

一、职业概况

1. 适用对象

从事果树繁殖育苗、果园设计和建设、土壤改良、栽培管理、果品收获及采后处理等生产活动的人员。

2. 职业能力特征

具有一定的学习能力、表达能力、计算能力、颜色辨别能力、空间感和实际操作能力，动作协调，色觉、嗅觉、味觉等正常。

3. 申报条件（具备以下条件之一者）

（1）取得本职业初级职业资格证书后，连续从事本职业工作2年以上，经本职业中级正规培训达规定标准学时数，并取得结业证书。

（2）取得本职业初级职业资格证书后，连续从事本职业工作4年以上。

（3）连续从事本职业工作6年以上。

（4）取得经劳动保障行政部门审核认定的、以中级技能为培养目标的中等以上职业学校本职业（专业）毕业证书。

4. 鉴定方式

分为理论知识考试和技能操作考核，理论知识考试采用闭卷笔试方式，技能操作考核采用现场实际操作方式。理论知识考试和技能操作考核均采用百分制，成绩皆达60分及以上者为合格。技师、高级技师还须进行综合评审。

5. 考评人员与考生配比

理论知识考试考评人员与考生配比为1∶15，每个标准教室不少于2名考评人员；技能操作考核考评员与考生配比为1∶5，且不少于3名考评员；综合评审委员不少于5人。

6. 鉴定时间

理论知识考试时间不少于90min，技能操作考核时间不少于60min。综合评审时间不少于30min。

7. 鉴定场所及设备

理论知识考试在标准教室进行，技能操作考核在田间现场及具有必要仪器、设备的实验室及进行。

二、基本要求

1. 职业道德

（1）敬业爱岗，忠于职守。
（2）认真负责，实事求是。
（3）勤奋好学，精益求精。
（4）遵纪守法，诚信为本。
（5）规范操作，注意安全。

2. 专业知识

（1）土壤和肥料基础知识。
（2）农业气象常识。
（3）果树栽培知识。
（4）果园病虫草害防治基础知识。
（5）果品采后处理基础知识。
（6）果园常用的农机使用常识。
（7）农药基础知识。
（8）果园田间试验设计与统计分析常识。

3. 安全知识

（1）安全使用农药知识。
（2）安全用电知识。
（3）安全使用农机具知识。
（4）安全使用肥料知识。

4. 相关法律、法规知识

（1）《中华人民共和国农业法》的相关知识。
（2）《中华人民共和国农业技术推广法》的相关知识。
（3）《中华人民共和国劳动合同法》的相关知识。

（4）《中华人民共和国劳动合同法》的相关知识。
（5）《中华人民共和国种子法》的相关知识。
（6）农药管理条例的相关知识：《农药管理条例实施办法》。
（7）国家、地方以及行业果树产地环境、产品质量标准，以及生产技术规程。

三、工作要求

职业功能	工作内容	技能要求	相关知识
果树的品种识别与环境要求	果树植物学特征和生物学特性	能够根据果树的植株特征识别3种果树的各3个品种	果树品种的植株特征
	果实的外观和内在品质	能够识别3种果树的各3个品种的果实	1. 果树品种的果实特征 2. 果树品种的区划栽培
育苗	种子处理	1. 能够进行种子分级 2. 能够进行种子生活力鉴定 3. 能够进行层积处理	1. 砧木种子分级标准 2. 种子休眠机制及调控方法 3. 种子生活力鉴定方法
	播种	1. 能够计算播种量 2. 能够确定播种期	1. 播种量的计算方法 2. 播种期确定方法
	实生苗管理	能够进行间苗和移栽	幼苗间苗、移栽知识
	扦插育苗	能够制作或安装阴棚、沙床和全光照弥雾沙床	阴棚和沙床建造知识
	压条育苗	1. 能够进行曲枝压条育苗 2. 能够进行空中压条育苗	1. 曲枝压条 育苗知识 2. 空中压条育苗知识
	分株育苗	1. 能够进行根蘖分株育苗 2. 能够进行匍匐茎和根状茎分株育苗 3. 能够进行吸芽分株育苗	1. 分株苗繁殖原理 2. 相关果树的生物学特性 3. 分株方法 4. 分株苗管理技术
	嫁接育苗	1. 能够进行果树的芽接，芽接速度达到80芽/h 2. 能够进行果树的枝接操作，枝接速度达到25个接穗/h	1. 果树嫁接成活机制及促进成活的方法 2. 嫁接方法 3. 嫁接后管理知识
	起苗、苗木分级、包装和假植	1. 能够进行苗木质量检验 2. 能够确定苗木消毒所使用的药剂种类	1. 苗木质量分级标准 2. 苗木消毒相关知识
果园设计与建设果园管理	果园设计	1. 能够根据不同环境条件选择种植品种 2. 能够设计主栽品种与授粉搭配、栽植株行距与栽植方式、果园道路与灌水与排水	1. 果树品种知识 2. 果园设计知识
	果树建设	1. 能够根据当地气候，确定栽植时期 2. 能够进行苗木栽前处理 3. 能进行果树栽后病虫防治	1. 当地气候常识 2. 果树栽植知识 3. 果树植保知识

（续）

职业功能	工作内容	技能要求	相关知识
果园设计与建设果园管理	土肥水管理	1. 能够根据果树生长情况确定施肥时期、肥料种类、施肥方法及施肥量 2. 能够根据果树生育期选择肥料种类 3. 能够进行果园土壤管理（清耕、生草、间作、免耕和覆盖等） 4. 能够进行果园土壤改良	1. 果树根系分布特点及生长规律 2. 果树肥水需求特性 3. 常用肥料特性及施用技术 4. 灌水方法和节水栽培技术 5. 果园土壤管理知识 6. 各种类型土壤特性、土壤改良技术
	花果管理	1. 能够实施果园防霜技术措施 2. 能够进行花粉采集、调制和保存 3. 能够进行人工授粉 4. 能进行摘叶、转果、铺反光膜	1. 预防晚霜的知识 2. 坐果的机理及提高坐果率的技术 3. 果实品质的商品知识、食用知识、营养知识和加工知识等 4. 影响果实品质的因素及提高果实品质的技术
	生长调节剂使用	1. 能够判断树体生长势 2. 能够根据果树生长势选择和使用生长调节剂 3. 能够配制生长调节剂溶液	1. 果树生长势判断知识 2. 生长调节剂相关知识 3. 生长调节剂溶液配制方法
	果树整形修剪	1. 能够进行果树休眠期的整形修剪 2. 能够进行果树生长期的修剪	1. 果树枝芽类型、特性及应用 2. 果树生长结果平衡调控技术
	果实采收	1. 能够判断果实的成熟度和采收期 2. 能够操作果品分级机械	1. 果实成熟度知识 2. 果品分级机械使用知识
	病虫防治	1. 能够识别当地主栽果树的常见病害和害虫各10种 2. 能够根据果园的病虫草害，确定农药的种类	1. 果树常见病虫识别和防治知识 2. 常用农药功效和使用常识
	设施果树管理	1. 能够确定设施果树的扣棚和升温时间 2. 能够确定有害气体的种类、出现的时间 3. 能够根据设施内的空间和果树生长结果习性，进行设施果树的修剪	1. 果树休眠知识 2. 果树生长发育与环境知识 3. 土壤盐渍化知识 4. 设施环境调控知识 5. 设施栽培果树修剪知识
采后处理	果实的质量检测	1. 能够根据果品外观质量标准判定产品质量 2. 能准备清洗和打蜡设备 3. 能够使用折光仪测定果实的可溶性固形物含量 4. 能够使用硬度计测定果实硬度	1. 外观质量标准知识 2. 清洗打蜡设备知识 3. 折光仪、硬度计使用常识
	果实的商品化处理	1. 能够根据果实特性选择包装材料和设备 2. 能够进行冷库的灭菌操作 3. 能够操作冷库设备进行果实贮藏	1. 包装材料和设备知识 2. 冷库机械设备知识 3. 冷库灭菌知识

四、比重表

1. 理论知识

项　　目		比重（%）
基本要求	职业道德	5
基本要求	基础知识	20
相关知识	育苗	15
相关知识	果树栽植	10
相关知识	建园设计和建设	
相关知识	果园管理	40
相关知识	采后处理	10
相关知识	技术管理	
相关知识	培训指导	
合计		100

2. 技能操作

项　　目		比重（%）
技能要求	树种分类和识别	5
技能要求	定植（直播）	30
技能要求	果树栽植	10
技能要求	建园设计和建设	
技能要求	果园管理	45
技能要求	采后处理	10
技能要求	技术管理	
技能要求	培训指导	
合计		100

附件四　单元自测参考答案

项目一、园艺设施覆盖材料的种类与应用

一、填空题

1. 塑料棚膜、硬质塑料板材、保温被、草苫；
2. PVC、PE、EVA；
3. 黑色地膜、银黑两面地膜、除草地膜；
4. 遮光、降温、高；

5. 拒虫于网外、20～25、30～50；

6. 质轻、雨雪、3cm、6～8

二、判断题

1. √；

2. √；

3. ×；

4. √；

5. √；

6. √

项目二、园艺设施类型与应用

一、填空题

1. 篱笆、披风、土背、削弱风障前的风速；

2. 抢阳畦、槽子畦；

3. 15～20d；

4. 立柱、拱杆、拉杆、压杆；

5. 前屋面、后屋面；

6. 15℃、10℃、20℃、3℃；

7. 保温层、散热层、电热线。

二、判断题

1. √；

2. √；

3. √；

4. ×；

5. √；

6. ×

项目三、园艺设施建造

一、填空题

1. 得充足的光照、排水、通风换气；

2. 交错排列；

3. 3、4～6；

4. 扣盖法、合盖法

5. 纵横、一致、一致、斜柱支持；

6. 二膜法、三膜法、20cm；

7. 25cm、东西向、60cm；

8. 雨季、20d

二、判断正误（30分，每题5分）

1. √；

2. √；

3. √；

4. √；

5. ×；

6. √

项目四、园艺设施管理

一、填空题

1. 上午、下午、2～3h、12h；

2. 表面积、10%～15%；

3. 简易型、标准型；

4. 水源、首部枢纽、输水管道系统、滴头（滴管带）；

5. 后墙固定式卷帘机、撑杆式卷帘机、轨道式卷帘机；

6. 隔离、色、电；

7. 趋性、胶剂。

二、判断题（24分，每题4分）

1. √；

2. ×；

3. √；

4. √；

5. √；

6. √；

项目五、设施育苗技术

一、填空题

1. 病菌，过筛；

2. 塑料钵、纸钵、穴盘；

3. 3～5、1～1.5、3；

4. 25～30℃、20℃；

5. 种子消毒、浸种、催芽；

6. 靠接、切接、劈接；

7. 休眠期、一年生、2～3、1/2～1/3。

二、判断题（24分，每题4分）

1. ×；

2. √；

3. √；

4. √；

5. √；

6. √；

项目六、园艺设施应用

一、填空题

1. 钙、200 倍；
2. 3~4、4；
3. 绿熟期、转色期、成熟期；
4. 棚架、单篱架和双篱架；
5. 低温度、短日照；
6. 3~4、小叶、花蕾、5；
7. 盐分、50%~80%；
8. 老叶、花蕾

二、判断题

1. √；
2. √；
3. √；
4. √；
5. ×；
6. ×

图书在版编目（CIP）数据

现代设施园艺/韩世栋主编．—北京：中国农业出版社，2014.6（2025.1重印）
中等职业教育农业部规划教材
ISBN 978-7-109-18960-7

Ⅰ.①现… Ⅱ.①韩… Ⅲ.①设施农业－园艺－中等专业学校－教材 Ⅳ.①S62

中国版本图书馆 CIP 数据核字（2014）第 042893 号

中国农业出版社出版
（北京市朝阳区农展馆北路 2 号）
（邮政编码 100125）
责任编辑 钟海梅 吴 凯

三河市国英印务有限公司印刷 新华书店北京发行所发行
2014 年 6 月第 1 版 2025 年 1 月第 1 版河北第 5 次印刷

开本：787mm×1092mm 1/16 印张：10.75 插页：4
字数：246 千字
定价：36.00 元
（凡本版图书出现印刷、装订错误，请向出版社发行部调换）